強化学習と深層学習

Reinforcement Learning / Deep Learning

《C言語によるシミュレーション》

小高知宏 [著]
Odaka Tomohiro

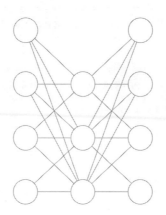

本書に掲載されている会社名・製品名は、一般に各社の登録商標または商標です。

本書を発行するにあたって、内容に誤りのないようできる限りの注意を払いましたが、本書の内容を適用した結果生じたこと、また、適用できなかった結果について、著者、出版社とも一切の責任を負いませんのでご了承ください。

本書は、「著作権法」によって、著作権等の権利が保護されている著作物です。本書の複製権・翻訳権・上映権・譲渡権・公衆送信権（送信可能化権を含む）は著作権者が保有しています。本書の全部または一部につき、無断で転載、複写複製、電子的装置への入力等をされると、著作権等の権利侵害となる場合があります。また、代行業者等の第三者によるスキャンやデジタル化は、たとえ個人や家庭内での利用であっても著作権法上認められておりませんので、ご注意ください。

本書の無断複写は、著作権法上の制限事項を除き、禁じられています。本書の複写複製を希望される場合は、そのつど事前に下記へ連絡して許諾を得てください。

(社)出版者著作権管理機構
(電話 03-3513-6969, FAX 03-3513-6979, e-mail: info@jcopy.or.jp)

JCOPY <(社)出版者著作権管理機構 委託出版物>

まえがき

　近年、深層学習（ディープラーニング）と呼ばれる機械学習手法が、さまざまな分野で成功を収めています。深層学習は当初、画像処理分野における画像認識率の飛躍的向上に大きく貢献しました。その後、深層学習は、画像処理だけでなくさまざまな機械学習の応用分野で大きな成果を上げています。

　それらの成功例のひとつに、強化学習への深層学習技術の適用例があります。強化学習は、一連の行動の結果だけから行動知識を学習する手法です。強化学習に深層学習の手法を導入した深層強化学習を用いることで、例えば、ビデオゲームのパドル操作で人間を超えるスキルを獲得したり、囲碁の世界チャンピオンを打ち負かすようなAI囲碁プレーヤーを構築する事例が報告されています。

　本書では、強化学習と深層学習の基礎を紹介した上で、深層強化学習の仕組みを具体的に説明します。単に概念を説明するだけでなく、アルゴリズムを実際にC言語のプログラムとして実装することによって、実際にプログラムを動かすことで具体的な処理方法の理解を深めます。

　本書の実現にあたっては、著者の所属する福井大学での教育研究活動を通じて得た経験が極めて重要でした。この機会を与えてくださった福井大学の教職員と学生の皆様に感謝いたします。また、本書実現の機会を与えてくださったオーム社の皆様にも改めて感謝いたします。最後に、執筆を支えてくれた家族（洋子、研太郎、桃子、優）にも感謝したいと思います。

2017年9月

小高知宏

目　次

まえがき iii

第1章　強化学習と深層学習　　　　　　　　　　　　　　　　1

1.1　機械学習と強化学習 2
　　1.1.1　人工知能 3
　　1.1.2　機械学習 6
　　1.1.3　強化学習 8
1.2　深層学習とは 13
　　1.2.1　ニューラルネット 13
　　1.2.2　深層学習の登場 16
1.3　深層強化学習とは 19
　　1.3.1　強化学習と深層学習 19
　　1.3.2　深層強化学習の実現 22
　　1.3.3　基本的な機械学習システムの構築例―例題プログラムの実行方法― 22

第2章　強化学習の実装　　　　　　　　　　　　　　　　　　35

2.1　強化学習とQ学習 36
　　2.1.1　強化学習の考え方 36
　　2.1.2　Q学習のアルゴリズム 46
2.2　Q学習の実装 55
　　2.2.1　q21.cプログラムの実装 55
　　2.2.2　例題（2）　ゴールを見つける学習プログラム 64

第3章　深層学習の技術　　83

3.1 深層学習を実現する技術 84
3.1.1 ニューロンの働きと階層型ニューラルネット 84
3.1.2 階層型ニューラルネットの学習 89
3.1.3 階層型ニューラルネットの学習プログラム (1)
ニューロン単体の学習プログラムnn1.c 99
3.1.4 階層型ニューラルネットの学習プログラム (2)
バックプロパゲーションによるネットワーク学習プログラムnn2.c.....112
3.1.5 階層型ニューラルネットの学習プログラム (3)
複数出力を有するネットワークの学習プログラムnn3.c.................123
3.2 畳み込みニューラルネットによる学習 134
3.2.1 畳み込みニューラルネットのアルゴリズム 134
3.2.2 畳み込みニューラルネットの実装 138

第4章　深層強化学習　　155

4.1 強化学習と深層学習の融合による深層強化学習の実現 156
4.1.1 Q学習へのニューラルネットの適用 156
4.1.2 Q学習とニューラルネットの融合 160
4.2 深層強化学習の実装 163
4.2.1 枝分かれした迷路を抜ける深層強化学習プログラムq21dl.c 163
4.2.2 ゴールを見つける深層学習プログラムq22dl.c...............................178

参考文献 198
索　　引 199

【プログラムファイルのダウンロードについて】

　オーム社ホームページの［書籍連動／ダウンロードサービス］では、本書で取り上げたプログラムとデータファイルを圧縮ファイル形式で提供しています。

　　　http://www.ohmsha.co.jp/

より圧縮ファイル（978-4-274-22114-9.zip）をダウンロードし、解凍（フォルダ付き）してご利用ください。

注意

・本ファイルは、本書をお買い求めになった方のみご利用いただけます。本書をよくお読みのうえ、ご利用ください。また、本ファイルの著作権は、本書の著作者である、小高知宏氏に帰属します。

・本ファイルを利用したことによる直接あるいは間接的な損害に関して、著作者およびオーム社は一切の責任を負いかねます。利用は利用者個人の責任において行ってください。

第1章

強化学習と深層学習

本章では、人工知能における機械学習や強化学習の位置づけを検討し、深層学習との関係を示します。人工知能にはさまざまな領域がありますが、機械学習は人工知能の中の一つの領域です。そして、強化学習や深層学習は機械学習の一分野です。さらに、深層強化学習は、強化学習に深層学習の手法を導入した、新しい機械学習手法です。

1.1 機械学習と強化学習

はじめに、人工知能と機械学習、それに強化学習の関係を整理しておきましょう。これらは、おおむね図1.1に示すような関係を有します。

図にあるように、人工知能にはさまざまな研究領域が存在します。機械学習は人工知能の一領域であり、他のさまざまな技術とともに人工知能という研究分野全体を構成しています。人工知能の一領域である機械学習にも、さまざまな手法が含まれています。強化学習や深層学習は、機械学習の一分野です。

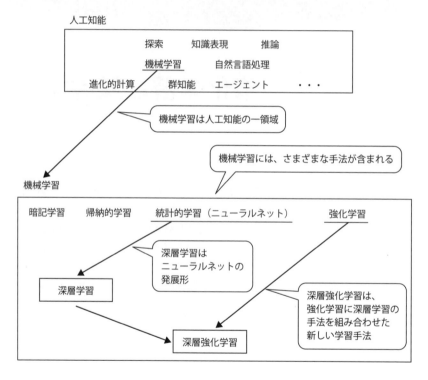

■図1.1 人工知能・機械学習・強化学習および深層強化学習の関係

近年、強化学習に深層学習の手法を組み合わせた深層強化学習と呼ばれる手法が提案されています。深層強化学習は、個別の機械学習手法である強化学習と深層学習を結びつけることで、強化学習の学習能力を拡大させることのできる学習手法です。

以下では、深層強化学習に至る人工知能研究の流れを概観します。

1.1.1　人工知能

人工知能（Artificial Intelligence：AI） は、生物や人間の知的活動をヒントにして、有用なソフトウェアを製造する技術を構築する学問です。人工知能では、生物や人間のさまざまな知的活動を対象として、研究が進められています。

たとえば、探索（search）や知識表現（knowledge representation）、推論（inference, reasoning）といった知的活動は、初期の人工知能研究において中心的課題として取り上げられました。これらの働きをコンピュータプログラムとして実現するための手法が、1950年代以降、精力的に研究されてきました。

探索のアルゴリズムは、大規模なデータ構造の中から目的とするデータを探し出す、知的なソフトウェア手法です。力ずくで隅から隅までもれなく探しつくす探索手法から、問題の性質を利用してより知的にデータを探し出すような手法まで、さまざまな探索手法が提案されています。探索に関する研究成果は、たとえばデータ検索やカーナビの目的地探索、あるいはロボットの行動選択やゲームエージェントの着手選択など、大規模データを効率的に処理するソフトウェアの実現に大きく貢献しています（**図1.2**）。

■図1.2　探索　大規模なデータ構造の中から目的とするデータを探し出す、知的なソフトウェア手法

人工知能分野における**知識表現**の技術は、データを知識として利用するためのデータ表現手法です。知識表現は探索や推論と密接に関係しており、さまざまな応用に対して多様な表現方法が提案されています。たとえば、知識の構成要素である概念間の関係を表現することを目的とした**意味ネットワーク**（semantic network）や**フレーム（frame）**、知識をルールとして表現することでルールの連鎖を扱うことを容易にした**プロダクションシステム（production system）**などがあります（**図1.3**）。

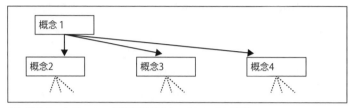

（1）意味ネットワーク　概念の関係をネットワークで表現

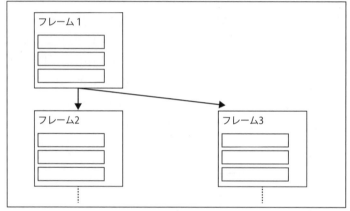

（2）フレーム　意味ネットワークを拡張し、概念に内部構造を持たせた知識表現

```
IF   A     THEN    X
IF   B     THEN    Y
  ……
```

（3）プロダクションシステム　IF THEN形式でルールを表す知識表現

■ 図1.3　知識表現の例

　推論のアルゴリズムは、すでに存在する事実や知識をもとにして、新たな知識を生み出す仕組みを与える手続きです。推論にはさまざまな形態があります。たとえば推論システムの応用例である**エキスパートシステム（expert system）**における推論では、与えられた事実から結論を導く前向き推論や、ある結論が正しいかどうかを証明する後ろ向き推論などがあります（**図1.4**）。

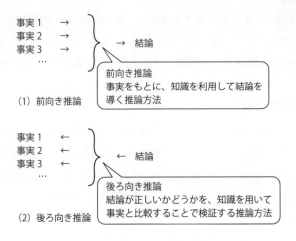

■図 1.4　前向き推論と後ろ向き推論

　前向き推論の例としては、たとえば医療分野における医療診断エキスパートシステムがあります。医療診断においては、検査結果や所見などの事実を総合することで、知識を用いて結論を導きます。これに対して後ろ向き推論の例としては、たとえば定理証明エキスパートシステムがあります。定理の証明では、あらかじめ結論となる証明対象が与えられており、そこから知識を用いて推論を進めることで、事実として認められている公理や証明済みの定理を導きます。

　探索や知識表現、推論などの技術は、**機械学習（machine learning）**や**自然言語処理（natural language processing）**などの応用的技術を実現するための基礎的技術としても用いられます。機械学習は本書の主題でもあり、コンピュータプログラムが知識を獲得するための人工知能技術です。自然言語処理は、日本語や英語といった自然言語をコンピュータプログラムで処理するための技術です。

　人工知能の研究領域には、さらに、進化的計算、群知能、エージェント技術など、生物や人間の知的活動をヒントにして有用なソフトウェアを製造する技術に関する領域が含まれます。**進化的計算（evolutional computing）**は、生物進化をアルゴリズムとして模倣することで知識の最適化を図る手法です。また、**群知能（swarm intelligence）**では、魚や鳥など、生物の群れが示す知的行動を模擬することで知的なソフトウェアを作り出します。**エージェント技術（agent technology）**は、生物と環境のやりとりを模倣することで、環境と相互作用する知的なエージェントを作成するための技術です。

以上のように、人工知能の研究領域には、生物や人間の知的行動を模擬することで知的なソフトウェアを作り出す手法が数多く存在します。その中でも近年特に注目されているのが機械学習の技術です。次節では機械学習について概観します。

1.1.2 機械学習

機械学習は、機械すなわちコンピュータプログラムが学習を進めることで知識を獲得するという技術です。ここで学習とは、生物や人間の行う学習と同様、学習主体であるコンピュータプログラムと環境がやりとりするうちに学習主体の内部状態が変化し、新たな知識を獲得するという過程です（**図1.5**）。

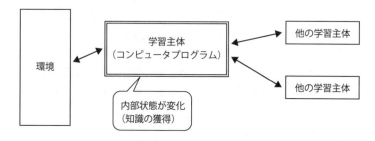

機械学習とは学習主体であるコンピュータプログラムと環境がやりとりするうちに学習主体の内部状態が変化し、新たな知識を獲得する

■図1.5 機械学習

生物や人間の学習にはさまざまな側面があります。狭い意味では、学校で勉強を習うことや本を読んで自習することが典型的な学習の例でしょう。学習という言葉の意味をもう少し広くとらえると、学問を学ぶことだけでなく、スポーツや芸術を学ぶことも学習ということができます。さらに、日々の生活や経験から学んで、より良く環境に適合するようになることも学習です。

機械学習も多様な技術から構成されています。たとえば**図1.6**に示した**暗記学習（rote learning）**では、人間が年号や外国語の単語を丸暗記するように、与えられた知識をそのまま丸暗記することで知識を蓄積します。暗記学習は単純な手法ですが、たとえばかな漢字変換の変換候補の学習などで実用的に利用されています。

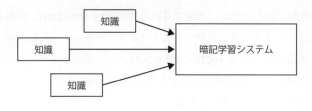

■ 図 1.6　暗記学習

帰納的学習（inductive learning）は、学習例として与えられた多数のデータから新たな知識を導く学習方法の総称です（**図 1.7**）。一般に、与えられるデータには正しいデータもありますし、**雑音（noise：ノイズ）**を含んだ不正なデータが含まれることもあります。この場合は単に暗記的に事例データを取り込むだけでは学習は進みません。このため、事例データをもとに、事例データをうまく説明できるような知識を構成するためのさまざまな帰納的学習手法が提案されています。近年注目されている、大量のデータから規則性を見つけ出す技術である**ビッグデータ解析（big data analysis）**は、帰納的学習の立場に立った解析手法です。

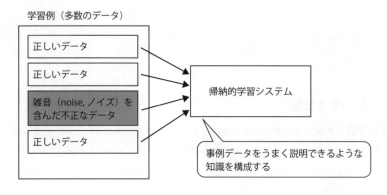

■ 図 1.7　帰納的学習

図 1.1 に示した統計的学習と強化学習は、具体的な手法に基づいて機械学習を分類した場合の分類例です。**統計的学習（statistical learning）**は、伝統的な統計学の手法に基礎を置く学習手法です。統計的学習には、いわゆる従来の統計学に基づく手法に加えて、**人工ニューラルネット（artificial neural network）**と呼ばれる手法が含まれます。

　人工ニューラルネットは、生物の神経回路にヒントを得た統計的学習手法です

（**図1.8**）。生物の神経回路は、非常に多数の**神経細胞（neuron）**が互いに接続することで構成されます。機械学習分野におけるニューラルネットも同様で、神経細胞を模した**人工ニューロン（artificial neuron）**を相互接続させることで構成します。本書では以下、人工ニューロンを単にニューロンと呼び、人工ニューラルネットのことをニューラルネットと呼ぶことにします。ニューラルネットの情報処理に関する具体的な内容については、1．2節で改めて扱います。

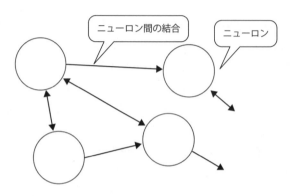

ニューロンが相互接続し、ニューロン間の情報伝達に基づいて情報が処理される

■図1.8　ニューラルネット

1.1.3　強化学習

強化学習（reinforcement learning）は、学習するプログラムが経験を通して行動知識を学習していく形式の機械学習手法です。強化学習は、ロボットの行動知識獲得や、ボードゲームの戦略獲得など、ある局面でどのように行動をすればよいかを決定する知識を得ることのできる学習方法です。

強化学習の手法が必要となる状況として、たとえば将棋や囲碁のようなゲームの知識獲得について考えてみましょう。ゲームに勝つためには、さまざまな局面において次にどう行動すべきかを決めてくれる知識を獲得する必要があります。この知識を獲得する一つの方法として、さまざまな局面について正解となる行動を教えてくれる先生を連れてきて、先生に一手一手を教えてもらうという学習方法が考えられます。このように、正解を知っている先生に正解手順を教えてもらう学習方法を**教師あり学習（supervised learning）**と呼びます（**図1.9**）。

1.1 機械学習と強化学習

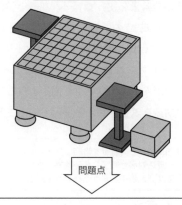

■ 図1.9 教師あり学習（ゲームの知識獲得の例）

　教師あり学習で正解を教えてもらう学習方法は、効率は良いのですが、残念ながら限界があります。それは、正解となるデータセットを多数用意するのが難しいという問題です。

　ゲームの知識獲得の例でいえば、ゲームの局面は非常に多様であり、局面ごとに正解を用意することは簡単ではありません。将棋や囲碁で考えると、過去の対局を記録した棋譜データを見れば、棋譜に出現するある局面に対する過去の対局者の着手を知ることはできます。しかし、過去の棋譜データは、囲碁や将棋など局面が非常に多岐にわたるゲームについて考えると、学習に十分な量があるとはいえません。また、棋譜に記載された着手が正解であるかどうかはわかりません。場合によっては、その着手のために勝負に負けてしまったかもしれませんが、その場合棋譜に記録された着手は明らかに不正解です。

　教師あり学習の限界を超えて学習を行うには、行動の各段階について正解と不正解を用意するのではなく、一連の行動の最終結果のみを用いて学習を行う必要があります。これに対応した学習方法が強化学習です。

　強化学習は、一連の行動の結果から学習を進める、いわば経験に基づいた学習

を行うための手法です。先ほどのゲーム知識の獲得の例でいえば、教師あり学習の場合のように各局面について次の着手をどうすべきかを先生に習うのではなく、ゲームの最終的な勝ち負けの結果を使ってゲーム知識を学習します。

たとえば強化学習による将棋AIの学習を考えます（**図1.10**）。この場合、ある局面についての着手を教師に付いて学ぶのではなく、一局の対局が終了した時点で、勝ち負けの結果に従ってゲーム途中の着手それぞれを評価します。対局を繰り返すうちに学習が進み、だんだんと良い手を選ぶようになっていきます。これは言い換えると、ゲームの知識を試合経験から学んでいくことに他なりません。

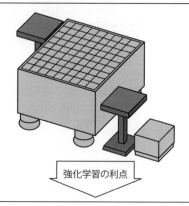

■ 図1.10　強化学習によるゲーム知識の獲得

ロボットの行動知識を獲得する場合も、強化学習の枠組みが有用です。たとえばロボットを二足歩行させることを考えます。この場合、ロボットの姿勢や各部分の状態などのさまざまなセンサ情報から、次に関節に与えるトルクを決定する必要があります。

ロボットの行動知識獲得に教師あり学習の仕組みを用いるとすると、教師はロボットの状態を逐次観察し、各瞬間におけるトルクを次々と指定してやる必要があ

ります。また、少しでも姿勢が変われば別の知識が必要となりますから、さまざまな局面に対する膨大な教師データが必要となります。このため、教師あり学習のための正解データを用意することは簡単ではないでしょう。

　これに対して強化学習の仕組みを用いると、たとえば一定時間転ばずに二足歩行を続けることを目標として、ロボット自身が学習を進めることができます（**図1.11**）。先ほどのゲーム知識の獲得例と同様、繰り返し二足歩行動を行わせて、その結果からだんだんと二足歩行に関する行動知識を洗練させていきます。

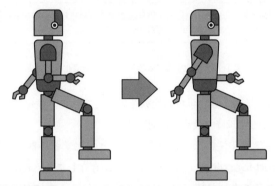

一定時間転ばずに二足歩行を続けることを目標として学習を進める

- はじめはうまく歩行できない
- 歩行行動を繰り返すうちに、徐々に行動知識が洗練していく

■図1.11　強化学習によるロボットの行動知識獲得

　強化学習の利点として、教師データ学習時のノイズ（雑音）に対する耐性や、環境の変化への追従性も挙げることができます。

　まずノイズについて考えます。ここでいうノイズとは、学習に影響を及ぼす不確定要素を意味します。ロボットの行動知識獲得の例でいえば、センサやアクチュエータの誤差が原因で、同じようにトルク制御を行っても結果としてのロボットの運動が同じにならない可能性があります。この現象は、機械学習システムにとっては学習の邪魔となるノイズとして悪影響を及ぼします。しかし強化学習の枠組みを用いると、行動を繰り返す中で行動知識を獲得していきますから、多少のノイズがあっても学習には大きな影響はありません。

　同じようなことが、環境の変化についてもいうことができます。ロボットの行動の例では、行動する場所の地面の様子や地形など、行動の繰り返しにつれて環境

が変化する場合が考えられます。この場合、強化学習の枠組みの中では、行動を繰り返すつど学習が進みますから、環境の変化に追随して行動知識を変更させることができます（**図1.12**）。

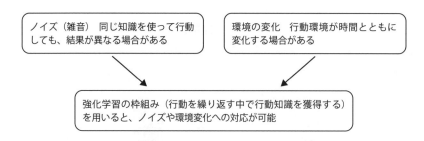

■図1.12　強化学習によるノイズや環境変化への対応

以上、教師あり学習と強化学習の比較を概観しました。強化学習の具体的な方法については、第2章以降で改めて検討します。

ちなみに機械学習手法には、教師あり学習と強化学習の他に、**教師なし学習（unsupervised learning）**というカテゴリが存在します。教師なし学習は、統計学における**クラスター分析（cluster analysis）**や**主成分分析（principal component analysis）**などのように、あらかじめ与えられた方針にそって、特徴に基づいて入力データを分類するような機械学習手法です（**図1.13**）。教師なし学習には、クラスター分析などの他、ニューラルネットの一種である**自己組織化マップ（self organizing maps）**などがあります。

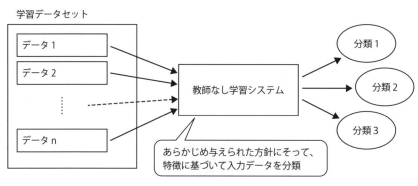

■図1.13　教師なし学習

1.2 深層学習とは

深層学習（deep learning）は、ニューラルネットの学習手法を発展させた機械学習手法です。本節でははじめにニューラルネットについて概観し、そこからどのような経緯で深層学習が誕生したのかを説明します。

1.2.1 ニューラルネット

ニューラルネットは、ニューロンが相互接続し、ニューロン間の情報伝達に基づいて情報が処理されるような情報処理モデルです。ここでニューロンは、**図1.14**に示すような構造を持った計算素子です。

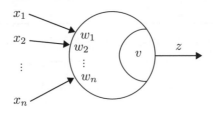

ただし　$x_1 \sim x_n$ ：入力
　　　　$w_1 \sim w_n$ ：重み
　　　　v ：しきい値
　　　　z ：出力

■図1.14　ニューロンのモデル

図1.14に示すように、ニューロンには複数の入力 x_i と一つの出力 z があります。ニューロンはそれぞれの入力に**重み（weight）**または**結合荷重**と呼ばれる定数を掛けて、その結果を合計します。この合計値から、**しきい値(threshold)**と呼ぶ定数 v を減算します。さらに、こうして求めた値をある特定の関数に与え、その出力結果をニューロンの出力とします。ここで用いる関数を、**伝達関数（transfer function）**または**出力関数（output function）**と呼びます。以上の計算過程を**図1.15**に示します。

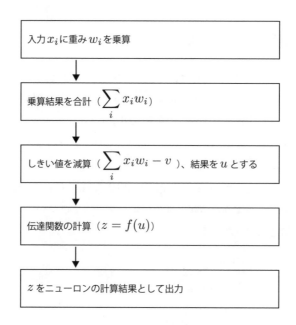

■図 1.15　ニューロンの計算手続き

以上の計算は、次式のように表現できます。

$$
\begin{aligned}
u &= \sum_i x_i w_i - v \\
z &= f(u)
\end{aligned}
\tag{1.1}
$$

上記の計算において、伝達関数 $f()$ には**ステップ関数（step function）**や**シグモイド関数（sigmoid function）**などが用いられます。ステップ関数は、**図1.16**(1) に示すように、入力値に従って 0 または 1 を出力する関数です。またシグモイド関数は、図1.16 (2) のような形状の、なめらかな関数です。

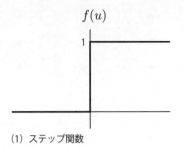

(1) ステップ関数

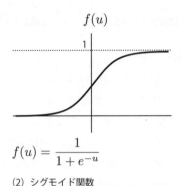

(2) シグモイド関数

■図1.16 伝達関数の例

　以上のように、入力からニューロンの出力を求める計算は、ごく単純な計算にすぎません。しかし、重みやしきい値をうまく選ぶことで、ニューロンはさまざまな計算を行うことができます。入力に対して望まれる出力が得られるように重みやしきい値を設定する作業を、ニューロンの学習と呼びます。どのようにすればニューロンの学習ができるのかは、以下で順次説明します。

　ニューロン単体でもある程度の計算能力がありますが、さらに能力を拡大するためには、複数のニューロンを組み合わせる必要があります。ニューラルネットワークは、ニューロンをネットワーク化した計算機構です。

　ニューロンのネットワークを構成する方法は多岐にわたりますが、たとえば**図1.17**のような階層型ニューラルネットは、典型的なニューラルネットとして広く用いられています。階層型ニューラルネットは、複数のニューロンで構成された階層を重ね合わせた形式のニューラルネットです。各階層では、複数のニューロンがそれぞれ入力を受け取り、出力値を計算します。ある階層の出力は次の層に入力データとして伝達され、さらに処理が進められます。

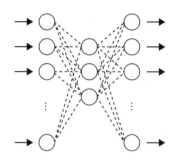

■図1.17　階層型ニューラルネットの例（3層ニューラルネット）

　ニューロンの学習の場合と同様に、ニューラルネットの学習とは、ニューラルネットへのある入力に対して望まれる出力が得られるように、ニューラルネットを構成する各ニューロンの重みやしきい値を調整することを意味します。具体的な学習方法については、第3章で改めて取り上げることにします。

　ニューラルネットの計算モデルは、1943年にマカロック（Warren S. McCulloch）とピッツ（Walter Pits）によって提案されました。それ以降、ニューラルネットはさまざまな観点から研究され、検討が進められました。計算機技術の発展もあり、近年では大規模で実用的なデータセットに対してニューラルネットを応用するさまざまな手法が提案されています。これらの手法は、深層学習と呼ばれています。

1.2.2　深層学習の登場

　深層学習（deep learning） は、2010年ごろから登場した、ニューラルネットによる機械学習の手法の総称です。深層学習では、従来のニューラルネットでは扱うことのできなかった大規模なデータに対して学習を実現することができるため、さまざまな実用的応用事例への適用が進められています。

　深層学習の成功例として、たとえば画像認識への応用例を挙げることができます。画像認識は、与えられた画像に何が映っているのかを自動的に判断する技術です（**図1.18**）。ニューラルネットによる画像認識は古くから研究されてきましたが、近年の深層学習技術の応用により、認識精度を劇的に向上させることができました。

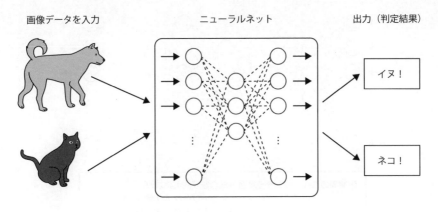

■図 1.18　ニューラルネットによる画像認識

　画像認識で利用された深層学習技術は、**畳み込みニューラルネット (convolutional neural network)** と呼ばれる技術です。畳み込みニューラルネットは、階層型ニューラルネットの一種であり、特に大規模で複雑なデータに対する学習に有効なニューラルネットです。

　従来の階層型ニューラルネットで画像認識システムを構築する場合には、階層前段のニューロンの出力が次段の階層のすべてのニューロンへ結合される、全結合型のニューラルネットが用いられていました。このようなネットワークでは、大規模で複雑な実用的データを処理するためにニューロンの数を増やすと、結合数が膨大な数になってしまいます。その結果、重みやしきい値の組み合わせが非常に多くなり、それらを適切に学習することが極めて困難になってしまいます。このために、全結合の階層型ニューラルネットを用いた画像認識技術には、適用できるデータや認識精度において一定の限界がありました（**図1.19**）。

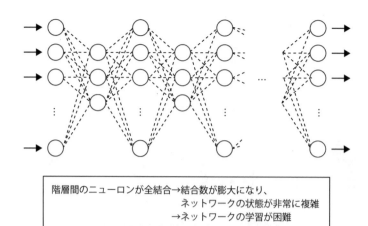

■図 1.19　全結合階層型ニューラルネットによる画像認識の問題点

　人間をはじめとした生物は、神経細胞のネットワークを使って画像認識を適切に行っています。生物の視神経ネットワークを観察すると、画像の特徴を抽出するための特殊な結合方法からなる神経ネットワークが存在します。そこでは、画像に含まれる特定の成分に反応して出力を出すような処理が行われています。そこで、生物の視神経系をお手本として、画像認識用のニューラルネットを構成することが考えられました。これが、畳み込みニューラルネットです。

　畳み込みニューラルネットは、画像の特定の特徴を抽出する畳み込み層と呼ばれる階層と、画像をぼかして全体的特徴を抽出するためのプーリング層という階層が一組となり、これらが多数組み合わされて構成されます（**図1.20**）。畳み込み層やプーリング層ではニューロンは全結合せず、もっと単純な処理を繰り返す形式でネットワークが構成されています。このため、大規模で複雑な畳み込みニューラルネットでも、重みやしきい値の学習が可能です。

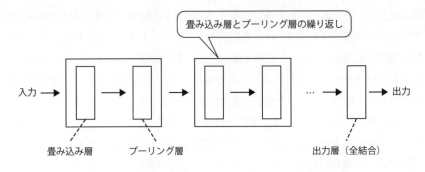

■図 1.20　畳み込みニューラルネット

　畳み込みニューラルネットは画像認識の分野で高い認識能力を示し、その有効性が確認されました。その後、畳み込みニューラルネットは画像認識以外の分野にも応用されています。本書の主題である深層強化学習においても、強化学習とともに用いられる深層学習の手法として、畳み込みニューラルネットが多用されています。

1.3　深層強化学習とは

　ここでは、強化学習の枠組みに深層学習の手法を適用する深層強化学習について説明します。はじめに深層強化学習の事例としてDQNとAlphaGoを示します。次に、本書第2章以降における深層強化学習への説明の流れを述べ、最後に本書のサンプルプログラムの実行環境についてプログラム例を示して説明します。

1.3.1　強化学習と深層学習

　深層強化学習は、強化学習に深層学習の手法を適用した機械学習手法です。その有効性は、さまざまな研究事例を通して示されています。ここではそうした研究のさきがけとなった、DQNとAlphaGoの事例から、深層強化学習の実現方法を示します。

　参考文献［1］に示した**DQN（deep Q-network）**は、強化学習に畳み込みニューラルネットの手法を組み合わせた深層強化学習を用いて、人間レベルの制御知識を獲得させた研究事例です。この研究では、テレビゲームの画像データを

入力として、ゲームパドルの操作信号を出力する制御システムを実現しています。制御知識の獲得の枠組みは、繰り返しゲームをプレイすることでより高い得点を得る制御知識を得るという、一般的な強化学習の方法に従っています。ただし、ゲーム画面の画像データからゲームパドルの制御信号を得る制御知識の表現に、深層学習の手法を取り入れている点が、従来の強化学習と異なっています。

ゲーム画面の画像データは、画像を構成するピクセル値の集合です。値の組み合わせは非常に多岐にわたるので、機械学習システムが学習すべき入力データの数は極めて大規模になります。このため、ゲーム画面からゲームパドルの制御情報を学習することは、従来の機械学習の手法では扱うことのできない規模の問題となってしまいます。

そこで、大規模な入力データの学習に対応することのできる深層学習の手法を応用します。ここでは、強化学習の枠組みに畳み込みニューラルネットを組み入れることで、大規模な学習データに対する機械学習を実現しています(**図1.21**)。

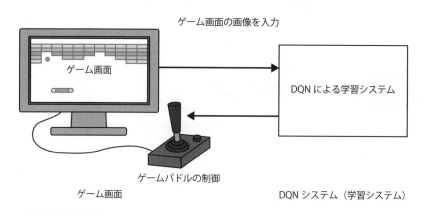

■ 図1.21 DQNによる制御知識の獲得

参考文献［2］は、深層強化学習の手法を囲碁のAIプレーヤーに適用した事例です。従来、プロの囲碁棋士に勝つことのできるAIプレーヤーを作成することは非

常に困難なことであると考えられていました。これに対し、参考文献 [2] に記述されたAIプレーヤーである **AlphaGo** は、2015年には二段のプロ棋士に対し勝利をおさめ、翌年の2016年3月に世界トップレベルの囲碁棋士に5番勝負で4勝1敗と勝ち越しました。さらに2017年の5月には、世界ランキング1位のチャンピオンを相手に、3番勝負で全勝するまでに急速な成長を遂げました。

参考文献 [2] によると、AlphaGoでは、DQNで培われた深層強化学習の手法が用いられています（**図1.22**）。AlphaGoの学習は、大きく2段階の過程により進められました。第一段階は、過去の対局結果を教師データとした教師あり学習です。ついで第二段階として、AlphaGoのプログラム同士による対局を通した深層強化学習が行われました。

(1) 第一段階 過去の対局結果（棋譜）を教師データとした教師あり学習

(2) 第二段階 プログラム同士による対局を通した深層強化学習

■図1.22　深層強化学習を用いた囲碁プレーヤーの学習過程（AlphaGo）

DQNやAlphaGoでは、いずれも深層学習の手法として畳み込みニューラルネットを利用しています。そこで本書では、深層学習の手法として畳み込みニューラルネットを取り上げることにします。

1.3.2　深層強化学習の実現

本書では、強化学習と深層学習の原理をC言語のプログラム例を示しつつ説明します。説明の流れを図1.23に示します。図にあるように、第2章では強化学習特にQ学習を取り上げて説明します。次に第3章ではニューラルネットの学習方法と、その拡張である畳み込みニューラルネットを取り上げます。そして第4章において、両者を融合した深層強化学習の構成方法を説明します。

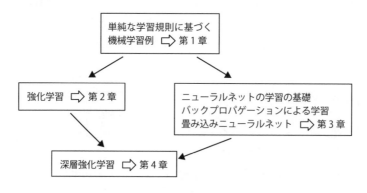

■図1.23　深層強化学習の実現過程

1.3.3　基本的な機械学習システムの構築例―例題プログラムの実行方法―

強化学習や深層学習のプログラム例を示す前に、単純な学習規則に基づく機械学習を例題として、本書例題プログラムの実行環境や実行方法について説明しましょう。ここで取り上げる例題は、強化学習や深層強化学習の原型ともいえる、経験に基づく単純な機械学習システムの例です。

基本的な機械学習システムの例として、次のような例題を考えます。

> **例題**
> 　一対一のじゃんけん勝負を繰り返すじゃんけんプログラムj.cを作成せよ。ただし、対戦を繰り返す間に、自分の手の選び方を相手の手の選び方の癖に応じて変更することで、より強いプログラムとなるように学習を進める機能を付加せよ。なお対戦相手は見かけ上ランダムに手を選ぶが、実は、ある傾向（偏り）を持って手を決定しているものとする。

このじゃんけんプログラムの実行例を**実行例1.1**に示します。実行例1.1では、j.cという名称のプログラムに対して、じゃんけんの手を与えています。ここでは、じゃんけんの手を次のように表現します。

グー　　　0
チョキ　　1
パー　　　2

実行例1.1で、プログラムに対して与えられる入力は、0すなわちグーだけです。これは、問題設定における「手の偏り」が最も著しい場合の例です。この相手に対して学習プログラムj.cは、対戦のはじめの部分ではグーチョキパーの3つの手をほぼ均等の割合で出していますが、対戦が進むにつれてプログラムは相手の手の偏りを学習し、だんだんとグーに勝つ手であるパーを頻繁に出すようになっています。

■実行例1.1　じゃんけん学習プログラム j.c の実行例（1）　相手がグー（0）だけを出した場合

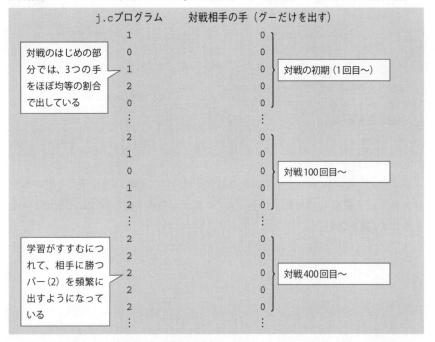

実行例1.2では、プログラムに与えられる手は、グーの比率が他の2つの手の2倍になるように調整してあります。つまり、グー、チョキ、およびパーの手の比率が2：1：1となるように手が作成されています。この場合にも、学習プログラムj.cは、相手が比較的良く出す手であるグーに勝つために、パーを出す知識を学習しています。

■実行例1.2　じゃんけん学習プログラムj.cの実行例（2）　相手の出す手のグーの比率が、他の2つの手の2倍である場合

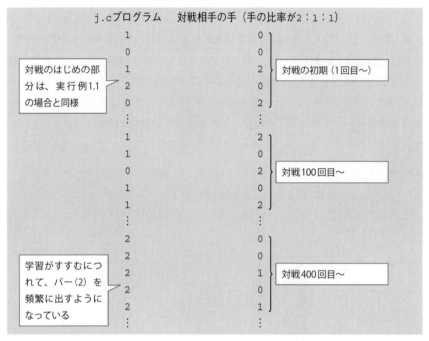

以上のような、相手の手に含まれる偏りを見つけてそれに勝つ手を学習するプログラムj.cを構成してみましょう。j.cプログラムの基本的な動作は、次のようなものです（**図1.24**）。

> **j.c プログラム　動作の概略**
>
> 初期化：グーチョキパーのいずれもを同じ割合でランダムに出すじゃんけんの
> 　　　　手の生成系を準備する
> 学習の繰り返し：以下を繰り返す
> 　① じゃんけんの手の生成系を使って、次の手を決定する
> 　② もし相手の手に勝ったら、勝った手を出す割合を高く設定する
> 　　　負けたら、負けた手を出す割合を低く設定する

■図 1.24　j.c プログラム　動作の概略

　j.c プログラムは、最初のうちはランダムにグーチョキパーの手を選択します。このために、初期状態ではいずれの手も等確率でランダムに出すことにします。これが上記の初期化作業に対応します。次に、相手との対戦を繰り返して勝ち負けに応じて手の出し方を調整することで、相手に勝てる知識を得る学習を進めます。調整の方法として、相手に勝つことのできた手の出現割合を高くし、負けた手については割合を低く設定し直します。これを繰り返すことで、相手の癖を学習し、相手に勝てる手を出す戦略知識を獲得します。

　以下、上記アルゴリズムの実現方法を考えます。まず、じゃんけんの手の生成系は次のように作成します。ここでは、グーチョキパーのそれぞれに対して決められた出現割合の数値を準備して、乱数とそれらの値を掛け合わせた値をもとに次の手を決定します（**図 1.25**）。

> **じゃんけんの手の生成系**
>
> ① グーチョキパーそれぞれの出現割合を準備する
> ② 0 から 1 の間の値を持つ実数乱数 frand() の値を 3 つ求め、それぞれの
> 　　出現割合にかけ合わせる
> ③ かけ合わせた結果の最大値を求め、最大値に対応する手をじゃんけん
> 　　の手とする

■図 1.25　じゃんけんの手の生成系

　上記生成系のアルゴリズムを C 言語風に表現すると、次のようになります。ただし下記で、配列 double rate[] は、グーチョキパーそれぞれの出現割合を格納した配列です。

```
double gu,cyoki,pa ;/*手を決定するための値を格納*/

gu=rate[GU]*frand() ;
cyoki=rate[CYOKI]*frand() ;
pa=rate[PA]*frand() ;
/*gu,cyoki,paのうちの最大値を求めて、次の手とする*/
```

このようにして決定した手を出して、相手との勝敗を確認します。その上で、グーチョキパーそれぞれの出現割合を格納した配列double rate[]の値を調整します。この手順は、次のように表現できます(**図1.26**)。

> 手の出現割合の調整手続き
> ① 自分の手myhandと、相手の手ohandを元に、勝敗gainを決定する
> ② gainと学習係数ALPHAを用いて、出現割合rate[myhand]の値を調整する

■図1.26 手の出現割合の調整手続き

上記で、勝敗gainは、自分の勝ちならば1、負けならば−1、引き分けならば0とします。次に、gainと学習係数ALPHAを掛け合わせた値を計算し、この値を使って出現割合rate[myhand]の値を増減させることで、出現割合の調整を実現します。

ここで、学習係数ALPHAは、どの程度の割合で学習を進めるかを決定する定数です。学習係数ALPHAの値が大きければ学習が早く進みますが、学習が毎回の勝負の結果に左右されやすく不安定になる傾向があります。学習係数ALPHAが小さいと、学習のスピードが遅くなります。このため、学習係数ALPHAは、実験から適切に決定する必要があります。

図1.26の手続きをC言語のプログラム風に表現すると、次のようになります。

```
gain=payoffmatrix[myhand][ohand] ;/*勝ち負けの判定*/
rate[myhand]+=gain*ALPHA*rate[myhand] ;/*出現割合の学習*/
```

ただし、2次元配列payoffmatrix[][]は、次のような値を持った配列です。

```
int payoffmatrix[3][3]={{DRAW,WIN,LOSE},
                        {LOSE,DRAW,WIN},
                        {WIN,LOSE,DRAW}} ;
```

1.3 深層強化学習とは

ここでWIN, LOSEおよびDRAWは、次のような値を持った記号定数です。

```
#define WIN 1 /*勝ち*/
#define LOSE -1 /*負け*/
#define DRAW 0 /*あいこ*/
```

payoffmatrix[][]配列に、自分の手myhandと相手の手ohandを与えると、自分から見た時の勝ち負けの結果がわかります。たとえば、自分の手がGUで相手の手がCYOKIの場合は、

payoffmatrix[GU][CYOKI]→payoffmatrix[0][1]→WIN

となり、自分が勝ったことがわかります。

　以上をまとめると、図1.24に示したj.cプログラムの処理手続きをC言語のプログラムとして構成することが可能です。**リスト1.1**にj.cの実装例を示します。

■リスト1.1　j.c プログラムのソースコード

```
 1:/*********************************************/
 2:/*            j.c                            */
 3:/*    じゃんけんを経験から学習する               */
 4:/*    使い方                                  */
 5:/*C:\Users\odaka\ch1>j < text.txt             */
 6:/* text.txtファイルには、対戦相手の手を格納     */
 7:/* 0:グー    1:チョキ    2:パー              */
 8:/*********************************************/
 9:
10:/*Visual Studioとの互換性確保 */
11:#define _CRT_SECURE_NO_WARNINGS
12:
13:/*ヘッダファイルのインクルード*/
14:#include <stdio.h>
15:#include <stdlib.h>
16:
17:/* 記号定数の定義            */
18:#define SEED 65535    /*乱数のシード*/
19:#define GU 0    /*グー*/
20:#define CYOKI 1  /*チョキ*/
```

第1章 強化学習と深層学習

```c
21:#define PA 2   /*パー*/
22:#define WIN 1 /*勝ち*/
23:#define LOSE -1 /*負け*/
24:#define DRAW 0 /*あいこ*/
25:#define ALPHA  0.01   /*学習係数*/
26:
27:/* 関数のプロトタイプの宣言   */
28:int hand(double rate[]) ;/*乱数と引数を利用して手を決定する*/
29:double frand(void) ;/* 0～1の実数乱数  */
30:
31:/****************/
32:/*  main()関数    */
33:/****************/
34:int main()
35:{
36: int n=0 ;/*対戦回数のカウンタ*/
37: int myhand,ohand ;/*自分と相手の手*/
38: double rate[3]={1,1,1} ;/*手の出現割合*/
39: int gain ;/*勝ち負けの結果*/
40: int payoffmatrix[3][3]={{DRAW,WIN,LOSE},
41:                         {LOSE,DRAW,WIN},
42:                         {WIN,LOSE,DRAW}} ;
43:          /*利得行列*/
44:
45: /*対戦と学習を繰り返す*/
46: while(scanf("%d",&ohand)!=EOF){
47:   if((ohand<GU)||(ohand>PA)) continue ;/*不正な手の入力*/
48:   myhand=hand(rate) ;/*出現割合に基づく手の決定*/
49:   gain=payoffmatrix[myhand][ohand] ;/*勝ち負けの判定*/
50:   printf("%d %d %d   ",myhand,ohand,gain) ;/*結果出力*/
51:   rate[myhand]+=gain*ALPHA*rate[myhand] ;/*出現割合の学習*/
52:   printf("%lf  %lf   %lf\n",
53:     rate[GU],rate[CYOKI],rate[PA]) ;/*出現割合の出力*/
54: }
55:
56: return 0;
57:}
58:
59:/********************************/
```

```
60:/*  hand()関数                      */
61:/**乱数と引数を利用して手を決定する     */
62:/***********************************/
63:int hand(double rate[])
64:{
65: double gu,cyoki,pa ;/*手を決定するための値を格納*/
66:
67: gu=rate[GU]*frand() ;
68: cyoki=rate[CYOKI]*frand() ;
69: pa=rate[PA]*frand() ;
70:
71: if(gu>cyoki){
72:   if(gu>pa) return GU ;/*guが大きい*/
73:     else    return PA ;/*paが大きい*/
74: }else {
75:   if(cyoki>pa) return CYOKI ;/*cyokiが大きい*/
76:     else       return PA ;/*paが大きい*/
77: }
78:}
79:
80:/*******************/
81:/* frand()関数      */
82:/* 0～1の実数乱数   */
83:/*******************/
84:double frand(void)
85:{
86: return (double)rand()/RAND_MAX ;
87:}
```

j.cプログラムを実行するためには、たとえばgcc等のコンパイラを用いる方法や、Visual Studio等の統合開発環境を用いる方法があります。前者の方法でソースコードをコンパイル・実行する過程を**実行例1.3**に示します。実行例1.3では、MinGW[*1]というシステムを用いて、Windowsのコマンドプロンプト内でコンパイル・実行を行っています。MinGWでは、コンパイラとしてgccコンパイラを利用することができます。

---

*1　MinGWは以下のサイトからダウンロードすることができます。
　　http://www.mingw.org/

第1章 強化学習と深層学習

■ 実行例 1.3　j.c プログラムの実行例（MinGW の gcc によるコンパイルと実行例）　下線部はキーボードからの入力

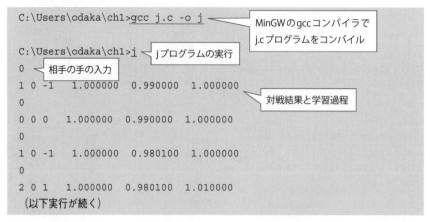

実行例1.3では、まずgccコンパイラを用いてj.cプログラムをコンパイルしています。その後、作成したプログラムを実行すると、標準入力からの入力を待ち受けます。入力は、グーチョキパーを0，1および2の整数値で与えます。入力に対して、j.cプログラムは**図1.27**に示すような出力を与えます。

図1.27にあるように、j.cの出力は、j.cプログラムが選択した手と入力された相手の手、勝負の結果、およびj.cプログラムが手を選ぶ際に用いる出現割合から構成されています。

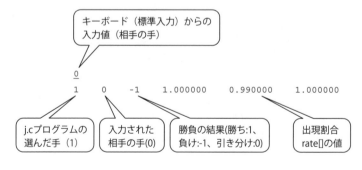

■ 図 1.27　j.c プログラムの出力

j.cプログラムの学習例を**図1.28**に示します。図1.28では、相手の手の出現割合が2：1：1の場合の、j.cプログラムにおける出現割合rate[]の値の変化を示しています。図から、対戦を進めるにつれてパーの出現割合を決定する数値rate[PA]の

値が増大していることがわかります。

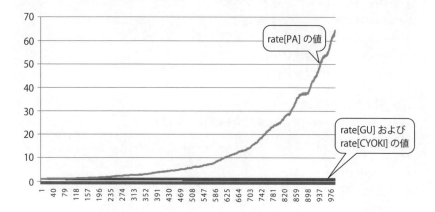

■図 1.28　j.c プログラムの学習例　相手の手の出現割合が 2：1：1 の場合

なお、j.c プログラムに与える相手の手は、じゃんけんの3つの手を一定の割合でランダムに出すように調整する必要があります。このためには、相手の手を生成するプログラムが必要になります。**リスト 1.2** に、じゃんけんの3つの手を一定の割合でランダムに出すプログラムである randhandgen.c プログラムのソースコードを示します。

■リスト 1.2　j.c プログラムの対戦相手の手を生成する randhandgen.c プログラムのソースコード

```
 1:/****************************************************/
 2:/*         randhandgen.c                            */
 3:/*   ある偏りのある手を1000回生成する                 */
 4:/*  使い方                                           */
 5:/*C:\Users\odaka\ch1>randhandgen 1 1 1 >text.txt     */
 6:/*  text.txtファイルには、生成した手を格納            */
 7:/*  0:グー    1:チョキ     2:パー                   */
 8:/****************************************************/
 9:
10:/*Visual Studioとの互換性確保 */
11:#define _CRT_SECURE_NO_WARNINGS
12:
13:/*ヘッダファイルのインクルード*/
14:#include <stdio.h>
15:#include <stdlib.h>
16:
```

```
17:/* 記号定数の定義           */
18:#define SEED    65535   /*乱数のシード*/
19:#define LASTNO  1000    /*手の生成回数*/
20:#define GU 0    /*グー*/
21:#define CYOKI 1 /*チョキ*/
22:#define PA 2    /*パー*/
23:
24:/* 関数のプロトタイプの宣言    */
25:int hand(double rate[]) ;/*乱数と引数を利用して手を決定する*/
26:double frand(void) ;/* 0～1の実数乱数  */
27:
28:/***************/
29:/*  main()関数  */
30:/***************/
31:int main(int argc,char *argv[])
32:{
33: int n ;/*出力回数のカウンタ*/
34: double rate[3] ;/*手の出現割合*/
35:
36: /*乱数の初期化*/
37: srand(SEED) ;
38:
39: /*手の生成割合を設定*/
40: if(argc<4){/*生成割合の指定がおかしい*/
41:  fprintf(stderr,"使い方 randhandgen (グーの割合) (チョキの割合) (パーの割合)\n") ;
42:  exit(1) ;
43: }
44: rate[GU]=atof(argv[1]) ;/*グーの割合*/
45: rate[CYOKI]=atof(argv[2]) ;/*チョキの割合*/
46: rate[PA]=atof(argv[3]) ;/*パーの割合*/
47:
48: /*出力を繰り返す*/
49: for(n=0;n<LASTNO;++n){
50:  printf("%d\n",hand(rate)) ;
51: }
52: return 0;
53:}
54:
55:/********************************/
56:/*  hand()関数                  */
```

```
57:/*乱数と引数を利用して手を決定する       */
58:/*********************************/
59:int hand(double rate[])
60:{
61: double gu,cyoki,pa ;/*手を決定するための値を格納*/
62:
63: gu=rate[GU]*frand() ;
64: cyoki=rate[CYOKI]*frand() ;
65: pa=rate[PA]*frand() ;
66:
67: if(gu>cyoki){
68:   if(gu>pa) return GU ;/*guが大きい*/
69:   else      return PA ;/*paが大きい*/
70: }else {
71:   if(cyoki>pa) return CYOKI ;/*cyokiが大きい*/
72:   else         return PA ;/*paが大きい*/
73: }
74:}
75:
76:/******************/
77:/* frand()関数     */
78:/* 0〜1の実数乱数  */
79:/******************/
80:double frand(void)
81:{
82: return (double)rand()/RAND_MAX ;
83:}
```

実行例1.4に、randhandgen.cプログラムの実行例を示します。実行例では、グーチョキパーを2：1：1で生成する場合の例を示しています。

■実行例1.4　randhandgen.cプログラムの実行例(グーチョキパーを2：1：1で生成する場合の例)

```
C:\Users\odaka\ch1>randhandgen 2 1 1     ← randhandgen.cプログラムの実行
0                                           手の生成割合は2:1:1
0
2     ← じゃんけんの手を生成
0
2
2
...
```

randhandgen.cプログラムの生成した手をj.cプログラムに与えるには、パイプを用いる方法や、ファイルを介して受け渡す方法があります。後者の場合には、一旦、randhandgen.cプログラムの出力をファイルに格納し、そのファイルをj.cプログラムの入力として与えます。**実行例1.5**に、この場合の手順を示します。

■実行例1.5　ファイルを介して、randhandgen.cプログラムの出力をj.cプログラムに与える手順

```
C:\Users\odaka\ch1>randhandgen 2 1 1  >  211.txt

C:\Users\odaka\ch1>j < 211.txt  > 211out.txt

C:\Users\odaka\ch1>type   211out.txt
1 0 -1    1.000000    0.990000    1.000000
0 0 0     1.000000    0.990000    1.000000
1 2 1     1.000000    0.999900    1.000000
2 0 1     1.000000    0.999900    1.010000
0 2 -1    0.990000    0.999900    1.010000
2 2 0     0.990000    0.999900    1.010000
2 0 1     0.990000    0.999900    1.020100
0 1 1     0.999900    0.999900    1.020100
2 2 0     0.999900    0.999900    1.020100
2 0 1     0.999900    0.999900    1.030301
...
```

- randhandgen.cプログラムを用いて手を生成し、211.txtというファイルに格納する
- j.cプログラムに211.txtを与え、実行結果を211out.txtファイルに格納する
- 実行結果である211out.txtファイルの内容を確認する

第 2 章

強化学習の実装

本章では、深層強化学習の前提となる、強化学習の実装について扱います。強化学習にはさまざまな実現方法がありますが、ここでは特にQ学習を取り上げて説明します。Q学習は強化学習の中でも最もよく用いられている手法の一つです。

2.1 強化学習とQ学習

ここでは、強化学習、特にQ学習の基本的な考え方を紹介し、Q学習の実装方法について検討します。はじめに、第1章で扱った例題を拡張することでQ学習の基本的な考え方を紹介し、その考え方に基づいてQ学習のアルゴリズムを実装する方法を考えます。

2.1.1 強化学習の考え方

第1章では、経験に基づいてじゃんけんの手を学習するプログラムj.cを示しました。j.cプログラムは、行動としてじゃんけんの手を選択し、その結果相手に勝ったか負けたかによって学習を進めました。

このことを強化学習の立場から見直すと、**図2.1**のように表現することができます。図2.1で、学習システムは先の例におけるj.cプログラムに対応します。学習システムは、環境や自分自身の状態を調べて、状態に対応する行動を選択します。これは、j.cプログラムがじゃんけんの手を選択することに対応します。

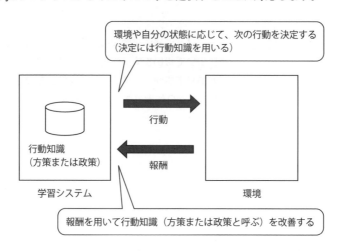

■図2.1　行動と報酬に基づく学習　強化学習の枠組み

学習システムが行動を起こすと、環境はその行動に対して反応を返します。たとえば、環境はある行動に対して、その評価を返す場合があります。じゃんけんの例でいえば、出した手による勝負において、自分が勝ったか負けたかという評

価を得ることができます。このような評価結果を、強化学習では**報酬（reward）**と呼びます。

　報酬は、正の場合もあれば負の場合もあります。j.cプログラムの例でいえば、相手に勝つ行動を選択した場合には正の報酬を受け取り、負ければ負の報酬を受け取ります。負の報酬という表現は普通には使わない言葉ですが、罰則のようなものだと考えてください。さらにj.cプログラムの例では、引き分ければ報酬は0となります。

　一連の作業を終えた時の報酬の合計値を**収益（value）**と呼びます。強化学習における学習システムは、収益を最大にするように学習を進めます。j.cプログラムの場合でいえば、環境から与えられる相手の手に勝てるように学習を進め、結果として報酬の和である収益がなるべく大きくなることを目指します。

　図2.1では、学習システムは環境と相互作用することで、その結果から学習を進めます。学習システムの内部には、ある状態においてどのような行動を取るかを決定するための行動知識が含まれています。行動知識は、強化学習においては**方策**または**政策（policy）**と呼ばれます。図2.1の学習システムは、学習システムが行動すると、それに対する報酬が環境から与えられ、それに基づいて行動知識が改善されるという枠組みを示しています。**図2.2**に、この仕組みを手続き的に示します。

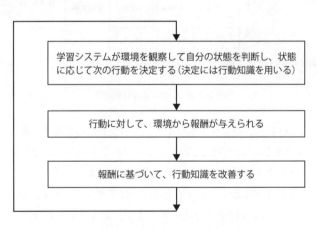

■図2.2　強化学習の学習手順

　図2.2において、行動知識を用いて行動を決定する際には、学習システムが環境を観察し、自分の状態を知った上で、何らかの判断基準に基づいて次の行動を選

択します。判断の方法は、ある状態において次に取りうる行動に対して評価点を設定し、評価点の高いものを選択するのが普通です。

ここで、ある状態sにおいて、次の行動aを採用することの評価値Qを、次のように表現することにします。

$Q(s, a)$

評価値Qを適切に求めることができれば、各状態においてQの最大値を与える行動aを選択することで、適切な行動を行うことが可能です。

たとえば、ある状態s_tにおいて、選択可能な行動が4種類あったとします。それぞれをa_{t1}、a_{t2}、a_{t3}およびa_{t4}とし、何らかの方法で対応するQ値を求めます。これらのQ値の中から最大値を探し出し、対応する行動を選択して次の行動とします。

たとえば図2.3のようにQ値を求め、その中の最大値が$Q(s_t, a_{t3})$であった場合には、$Q(s_t, a_{t3})$に対応する行動であるa_{t3}が選択されます。

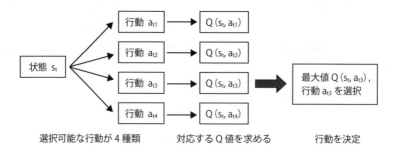

■図2.3　Q値による行動選択

次の問題は、Q値をどのように求めるか、という点にあります。ある状態に対する行動のQ値が決まれば次の行動を決められるのですから、適切なQ値を設定することは、行動知識を獲得することと同じ意味を持ちます。そこで、ここでは、環境から与えられる報酬に基づいてQ値を段階的に学習することを目指します。

まず、最も簡単な場合の学習方法を考えます。最も簡単な場合とは、行動に対してただちに報酬が与えられる場合です。

たとえば、じゃんけんの学習プログラムj.cの場合には、行動に対してただちに報酬を得ることができました。この場合には、学習、すなわち行動知識の改善は

容易です。つまり、行動に対して報酬が得られたら、報酬に基づいて行動知識を改善することで学習を進めます。行動知識の改善とは、すなわち、Q値の修正作業です。

ある状況sにおける行動aのQ値Q(s, a)を、報酬rによって修正・改善するには、一般に式 (2.1) のように行います。

$$Q(s, a) \leftarrow Q(s, a) + \alpha r \qquad (2.1)$$

ここで、αは**学習係数**、すなわち学習のスピードを決定する定数です。

式 (2.1) は、行動の結果得られる報酬rの値が正ならばQ(s, a)の値を増やし、報酬が負ならばQ(s, a)を減らすことを意味しています。これは、じゃんけんプログラムj.cで行っていたことと同じです。

行動と、それに伴う式 (2.1) の更新作業を繰り返すことで、Q値に関する学習を進めることができます。なお、学習を繰り返して式 (2.1) をそのまま適用し続けると、Q値がどんどん大きくなっていき、最終的にはQ値が無限大に発散してしまいます。この点は、後で改善方法を考えることにします。

次に、行動に対して報酬が遅れて得られる場合を考えます。これは先に述べたロボットの歩行や将棋の着手の例に対応するもので、強化学習が対象とする問題です。この場合、先の例と比較して、学習はそう簡単ではありません。

たとえば、**図2.4**のような状況を考えましょう。図2.4は、報酬がすぐには得られない場合を、非常に簡単化した例です。図では、左から右に2方向に分岐する分かれ道が示されています。学習プログラムは、最初にスタート位置である状態0に置かれ、分かれ道のいずれかを選択して先へ進み、最終的に状態6のゴールに到達すると報酬が得られます。しかし、状態3から状態5に行ってしまうと報酬はもらえません。いずれにせよ、状態3から状態6のいずれかにたどり着いたら、またスタートの状態0に戻るものとします。

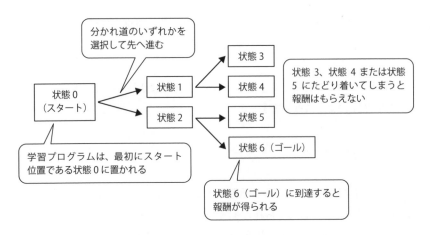

■図2.4　強化学習の単純な例題

もしあらかじめ何らかの方法で問題に対する知識が与えられており、それに基づいてQ値が適切に設定されていれば、学習プログラムはいつでもゴールにたどり着くことができます。まず、この場合について、どのように行動選択がなされるかを考えます（**図2.5**）。

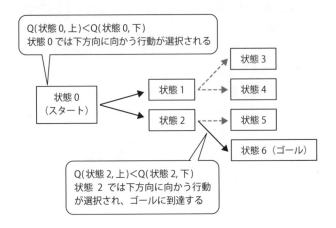

■図2.5　Q値が適切に設定されている場合の行動選択

Q値の表現方法として、次のような表記を利用します。たとえば状態0で上方向に向かう行動に対応するQ値を、

$$Q(状態0, 上)$$

と表します。あるいは、状態2で下方向に向かう行動であれば、

$$Q(状態2, 下)$$

と表します。

　はじめに、スタート地点における行動選択を考えます。状態0からは2方向へ分岐する道があり、図の上方向に向かえば状態1へ、下方向に向かえば状態2へと進みます。ここで、それぞれの行動に対応するQ値を求めると、あらかじめQ値が適切に設定されていれば、下方向の状態2に向かう行動についてのQ値が大きくなります。つまり、

$$Q(状態0, 上) < Q(状態0, 下)$$

となっているはずです。したがって、状態0では下方向に向かう行動が選択されます。

　続いて、状態2での行動選択を行います。ここでも、Q値を求めると、あらかじめQ値が適切に設定されていれば、下方向の状態6に向かう行動についてのQ値が大きくなります。つまり、

$$Q(状態2, 上) < Q(状態2, 下)$$

そこで下方向に向かう行動が選択され、ゴールに到着します。

　次に、図2.4の状況において、前提となる知識が与えられていない状態で、ゴールにたどり着くための行動知識を獲得する方法を考えましょう。この場合には、行動を繰り返して環境から報酬を得ることで、行動知識を改善していかなければなりません。これは、強化学習の基本的な学習方法です。

　行動を繰り返して知識を得るためには、うまくいくかいかないかは別にして、とにかく行動を始めなければなりません。しかし、行動を選択して決定するためには、ある行動に対するQ値が与えられていなければなりません。このためには、行動の繰り返しに先立ってQ値に適当な初期値を与える必要があります。

第2章 強化学習の実装

　前提知識が存在しない場合、Q値の初期値を適切に決める方法はありません。そこで、初期状態ではランダムにQ値を設定することにします。結果として、初期状態では学習システムの行動はでたらめなものとなります。

　この時、ある試行で、たまたま状態2から下方向に移動して、状態6のゴールに到達したとしましょう。この時、学習システムは環境から報酬rを得ることができます。そこでこの時には、状態2から状態6に向かう行動に対応したQ値を式 (2.1) に従って増加させることにします。この計算は、以下のように表すことができます。

$$Q(\text{状態}2, 下) \leftarrow Q(\text{状態}2, 下) + \alpha r$$

以上の様子を**図2.6**に示します。

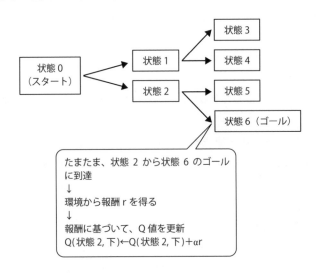

■ 図2.6　報酬が得られた場合のQ値の更新方法（状態2から状態6へ移動した場合）

　次に、報酬が得られなかった場合について考えます。これは、ゴールにたどり着くことができた図2.6の場合以外の、すべての場合に対応します。

　たとえば、スタートの状態0における行動後の学習について考えましょう。状態0では、ゴールに至るためには状態2に向かう行動、言い換えれば下へ向かう行動を選択する必要があります。そこで、下方向に向かう行動に対応したQ値が増加していくような学習方法が必要です。

下方向に向かって状態2に達した場合を考えます。この場合、さらにその先にはゴールである状態6が存在します。状態2から状態6に至る行動を選択すると、先の図2.6に示したように、報酬を得ることができます。ですから繰り返し試行を繰り返した後であれば、図2.6の更新式に従って、状態2から状態6に至る行動に対応するQ値であるQ(状態2, 下)は、他のQ値よりも値が大きくなっていることが期待されます。そこで、状態0から状態2に達した場合には、Q(状態2, 下)を使って、状態0から状態2に至るQ値であるQ(状態0, 下)を増加させてやることにします。(**図2.7**)。

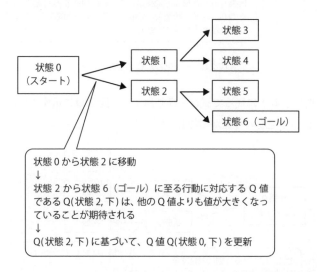

■図2.7　状態0（スタート）から下方向に向かって状態2に達した場合のQ値の更新方法

図2.7で行った更新手続きを一般化すると、ある行動を取って報酬を得られなかった場合には、その先に取りうる行動に対応するQ値の中の最大値に対応する値を使ってQ値を更新する、と表現し直すことができます(**図2.8**)。これが、Q学習の学習手続きの基本です。

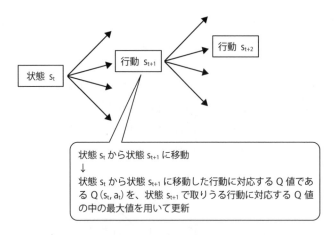

■図2.8　一般化したQ値更新手続き

図2.8の更新手続きに従って試行を繰り返すと、**図2.9**に示すように、ゴールである状態6に至る道筋のQ値が増加していきます。

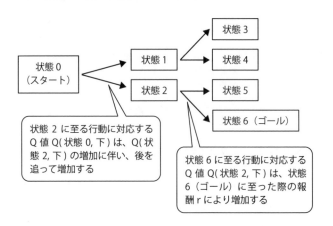

■図2.9　試行の繰り返しによるQ値の学習

図2.9で、ゴールに続く行動を選択すればその行動に対応するQ値が増加し、それ以外の行動を選択するとQ値が増加しないようにするために、Q値を式 (2.2) のように更新します。式 (2.2) は、先に示した式 (2.1) に、報酬を得なかった場合のQ値の更新手続きを書き加えた形式になっています。

$$Q(s, a) \leftarrow Q(s, a) + \alpha(r + \gamma \max Q(s_{next}, a_{next}) - Q(s, a)) \qquad (2.2)$$

ただし、

s：状態

a：状態sで選択した行動

α：学習係数 (0.1程度)

r：行動の結果得られた報酬 (報酬が得られなければ0)

γ：割引率 (0.9程度)

$\max Q(s_{next}, a_{next})$：次の状態で取りうる行動に対するQ値のうちの最大値

式 (2.2) で、矢印の右側の冒頭の2項、つまり、

$$Q(s, a) + \alpha r$$

は、先の式 (2.1) と同様です。この値に、先に述べた値が発散してしまう問題を回避するための減算項を追加した式 (2.3) が、報酬を得た場合のQ値の更新式となります。

$$Q(s, a) \leftarrow Q(s, a) + \alpha(r - Q(s, a)) \qquad (2.3)$$

式 (2.2) の残りの部分が、報酬を得なかった場合のQ値の更新手続きに対応します。式 (2.2) で報酬rを0とすると、式 (2.2) は次のような形となります。これが、報酬を得なかった場合のQ値の更新式です。

$$Q(s, a) \leftarrow Q(s, a) + \alpha(\gamma \max Q(s_{next}, a_{next}) - Q(s, a)) \qquad (2.4)$$

上式において、値が発散してしまう問題を回避するため、適当な係数γを導入するとともに、現在のQ値であるQ(s, a)に学習係数αを掛けた値を減算しています。

2.1.2 Q学習のアルゴリズム

ここまで説明したQ学習の学習手続きを、**図2.10**にまとめてアルゴリズムとして示します。

初期化
　乱数等を用いて、すべてのQ値を適当な値に初期化

学習ループ　下記の (1)～(6) の手続きを、適当な終了条件のもとで繰り返す。
　(1) 行動の初期状態に戻る
　(2) 次の状態に至る行動をQ値に基づいて選択
　(3) 式 (2.2) に基づいてQ値を更新する
　(4) 選択した行動によって次の状態に遷移する
　(5) 目標状態（ゴール）に至るか、あらかじめ決められた回数の行動選択を終えたら手順 (1) に戻る
　(6) 手順 (2) に戻る

■図2.10　Q学習のアルゴリズム

図2.10では、行動の繰り返しに先立って、行動選択の手がかりであるQ値を初期化しています。一般には、Q値の初期値には乱数を用います。

次に図2.10では、行動を繰り返してQ値の学習を進めています。手続きでは、(1)で行動の初期状態に学習プログラムを設定し、(2)で状態遷移のための行動選択をQ値を用いて行います。その後 (3) でQ値を更新し、ゴールに至るか決められた回数の行動選択を終えたら (1) に戻ってスタートから行動を再開します。そうでなければ、(2) に戻って次の行動を選択します。

以上の手続きを、図2.4の例に対してプログラムとして実装する方法を考えましょう。以下、ここでは、図2.10のアルゴリズムをC言語のプログラムとして実装する方法を順に検討し、次節でプログラムとして完成させることにします。

手続きの実装に先立って、まず、基本となるデータの表現方法を考えます。強化学習の枠組みにおいて必ず必要となるデータは、状態s、行動a、およびQ値Q(s, a)です。そこでこれらを、次のように表現することにします。

```
int s;/*状態s*/
int a;/*行動a*/
double qvalue[STATENO][ACTIONNO] ;/*Q値*/
```

ただしSTATENOとACTIONNOは記号定数であり、それぞれ、問題に含まれる状態の数と、各状態において選択しうる行動の種類数を表します。

図2.4の例では、状態の数は、状態0から状態6までの7であり、状態において選択しうる行動の種類数は、上または下の2種類です（**図2.11**）。

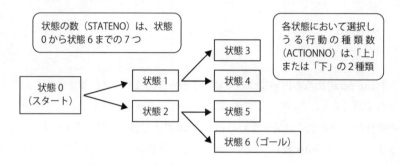

■図2.11　記号定数 STATENO および ACTIONNO

これらの変数を用いて、図2.10のアルゴリズムを実装します。まず、図2.10における初期化について考えます。初期化手続きでは、Q値を格納した配列qvalue[][]に、乱数で適当な数値を格納します。これは、次のように記述できます。

```
/*Q値の初期化*/
for(i=0;i<STATENO;++i)
 for(j=0;j<ACTIONNO;++j)
  qvalue[i][j]=frand() ;
```

ここで、frand()関数は、0から1の範囲の実数乱数を返す関数です。

初期化に続いて、(1)から(6)の6ステップから構成される学習ループについて考えます。最初に、学習ループの手順の1番目にある「(1) 行動の初期状態に戻る」ですが、これは単に状態sにスタート状態を表す0を代入するだけです。

```
s=0;/*行動の初期状態に戻る*/
```

次に、手順の2番目として、「(2) 次の状態に至る行動をQ値に基づいて選択」というステップに進みます。この処理は、状態sで選択しうる行動のうちから、Q値に基づいて行動を選択し、その結果を変数aに格納するという動作に対応します。

ここで、行動選択を担当する関数としてselecta()を準備することにします。selecta()関数は、引数として状態sとQ値qvale[][]を受け取り、戻り値として行動を返します。selecta()関数を用いると、(2)のステップは以下のように記述できます。

```
/*行動選択*/
 a=selecta(s,qvalue) ;
```

なお、selecta()関数の内容については、この後で考えることにします。

次の手順(3)は、「(3) 式(2.2)に基づいてQ値を更新する」という操作です。この操作は、更新後のQ値を求めるupdateq()関数を利用して、以下のように記述できます。updateq()関数は、現在の状態sと、状態sにおいて選択した行動a、行動aによって次に遷移する状態snext、およびQ値qvalue[][]を引数として、状態snextにおける最大のQ値を戻り値として返します。updateq()関数の詳細については後で考えます。

```
/*Q値の更新*/
qvalue[s][a]=updateq(s,snext,a,qvalue) ;
```

手順(4)の「(4) 選択した行動によって次の状態に遷移する」は、状態sから行動aによって遷移した先の状態を得る関数であるnexts()関数を用いて次のように記述します。ここで、nexts()関数は、現在の状態sとsにおいて選択した行動aを引数として、次の状態を返す関数です。nexts()関数の内容については後で考えます。

```
snext=nexts(s,a) ;
/*行動aによって次の状態snextに遷移*/
s=snext ;
```

最後の手順(5)および手順(6)は、以上の手順(1)から手順(4)を適当に繰り返すための制御構文に対応します。以上で、Q学習の基本的な処理フローが完成しました。

次に、上記の説明で後回しにした、下請け処理を行う関数の構成方法について考えます。**表2.1**に、これらの下請け関数をまとめて示します。

2.1 強化学習とQ学習

■表2.1 Q学習実装において、下請け処理を担当する関数の一覧

関数名	処理内容	関数に与える引数（パラメタ）	関数の戻り値
selecta()関数	状態sにおける次の行動を選択する	①状態s ②Q値qvale[][]	行動aの値
set_a_by_q()関数	Q値の最大値を求める	①状態s ②Q値qvale[][]	行動aの値
updateq()関数	行動選択後にQ値を更新する	③現在の状態s ④状態sにおいて選択した行動a ⑤行動aによって次に遷移する状態snext ⑥Q値qvalue[][]	状態snextにおける最大のQ値
nexts()関数	現在の状態から行動後の状態に遷移する	①現在の状態s ②sにおいて選択した行動a	次の状態
frand()関数	0から1の範囲の実数乱数を生成する	なし	0から1の範囲の実数乱数

まず、行動選択を担当するselecta()関数の構成方法を考えます。行動選択の基本は、次に行うことのできる行動に対応したQ値を求め、それらの最大値に対応した行動を選択するというものです。図2.4の例についてこの処理を考えると、ある状態sにおいて実行可能な行動は、枝分かれの上方向に向かう場合と下方向に向かう場合の2通りが存在します。そこで、これらを比較して、Q値の大きくなる方に向かう行動を選択します（**図2.12**）。

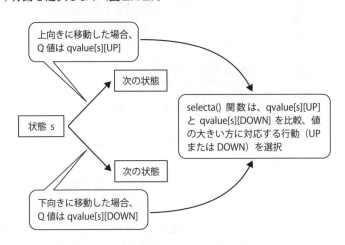

■図2.12　図2.4の例題における selecta() 関数の基本動作

図2.12に示した方法で行動を選択すると、ある状態sにおける次の行動aは必ず

一つに決定されます。学習終了後の行動選択方法としてはこれで十分ですが、実は学習の途中では、これだけでは不十分です。

たとえば、学習の最も初期の状態を考えてみましょう。初期の状態では、Q値は乱数で初期化されています。たとえば**図2.13**のように、乱数による初期化の結果、Q(状態0, 上)の値がQ(状態0, 下)よりも大きい値として初期化された場合を考えます。この場合、Q値の大小だけから次の行動を決定すると、状態0からは必ず状態1に進むことになります。しかし、報酬を得られるゴールは状態6であり、状態6に進むためには状態0から状態2に進む必要があります。この結果、図2.13の場合には、Q値の大小だけで行動を選択すると、学習の繰り返しを何度行ったとしても、ゴールに到達して報酬を得ることはできません。

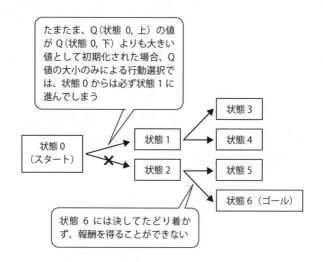

■図2.13　初期設定の状態によって、報酬を得る行動を取ることができない場合の例

この問題を解決するために、**εグリーディ法（ε greedy）**を導入します。εグリーディ法とは、行動決定において、ある確率εでランダムに行動し、それ以外の場合にはQ値の大小に基づいて行動を決定する方法です（**図2.14**）。このようにすれば、ある確率でQ値によらないでランダムに行動を決定するようになり、Q値の初期状態にかかわらずにさまざまな行動を選択するようになります。その結果、Q値の初期状態によらずに、適切に学習を進めることが可能となります。

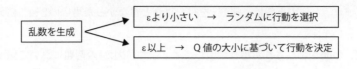

■図2.14 εグリーディ法による行動選択

εグリーディ法をC言語のプログラムとして表現すると、次のようになります。

```
/*ε-greedy法による行動選択*/
 if(frand()<EPSILON){
  /*ランダムに行動*/
  a=rand0or1();
 }
 else{
  /*Q値最大値を選択*/
  a=set_a_by_q(s,qvalue) ;
 }
```

ここで、frand()関数は0から1の範囲の実数乱数を返す関数です。記号定数EPSILONは図2.14のεに対応する定数です。また、Q値の最大値を求める手続きは、set_a_by_q()関数として別関数として実装します。

set_a_by_q()関数の処理は、本例題については以下のように非常に簡単に記述することができます。つまり、選択可能な行動である上（UP）または下（DOWN）についてQ値を調べ、その大小によって上または下の行動を選択します。

```
/*   Q値最大値を選択       */
 if((qvalue[s][UP])>(qvalue[s][DOWN]))
   return UP ;
 else return DOWN;
```

次に、行動選択後にQ値を更新する下請け関数である、updateq()関数について

検討します。Q値の更新は、報酬rを得た場合と得なかった場合の2通りに分けて処理を行います。

まず、報酬が付与される場合について考えます。図2.4の例題において報酬が付与されるのは、次の状態snextがゴールになる場合です。この場合には、先に示した式（2.3）に従ってQ値を更新します。更新後のQ値を変数qvに格納するとすると、これらの処理は次のように記述することができます。

```
/*Q値の更新*/
if(snext==GOAL)/*報酬が付与される場合*/
  qv=qvalue[s][a]+ALPHA*(REWARD-qvalue[s][a]) ;
```

ここで、ALPHAは学習係数であり、REWARDは報酬の値です。

次に、報酬が得られなかった場合です。この場合には、先の式（2.4）に従ってQ値を更新します。式（2.4）では、現在の状態sにおけるQ値と共に、次の状態snextにおけるQ値の最大値が必要になります。状態snextにおけるQ値の最大値を求めるには、selecta()関数の下請け関数として作成したset_a_by_q()関数を利用し、次のように記述します。

```
else/*報酬なし*/
   qv=qvalue[s][a]    +ALPHA*(GAMMA*qvalue[snext][set_a_by_q(snext,qvalue)]
-qvalue[s][a]) ;
```

冒頭のelseは、上記の報酬が付与される場合に対応した記述です。また、現在の状態から遷移した先の状態snextにおけるQ値の最大値は、上記のコードのうちの下記の部分が対応しています。

```
qvalue[snext][set_a_by_q(snext,qvalue)]
```

ここで、配列qvalue[][]は、状態sと行動aからQ値を与えるデータ構造です。したがって上式の意味は、set_a_by_q()関数で求めた状態snextにおけるQ値最大に対応する行動を用いて、状態snextにおける最大のQ値を求めているのです。

続いて、現在の状態から行動後の状態に遷移するための関数である、nexts()関数について考えます。現在考えている問題設定では、実はこの処理は簡単です。

現在の状態がsで上方向に移動すると、次の状態は2s+1と表せます。また、下方向に移動すれば、次の状態は2s+2です。そこで、上方向の移動に対応する行動を0とし、下方向への移動行動を1と表現すれば、次の状態は下記の計算で求めることができます。

　　s*2+1+a

ただし、sは現在の状態であり、aは上方向または下方向への移動を0または1で表した値です。

たとえば**図2.15**で、現在の状態が状態1であったとします。この場合、上方向に移動すると、s=1およびa=0を上式に代入して、

　　1*2+1+0=3

となり、次の状態は状態3となります。同様に、状態1から下方向に移動すると、

　　1*2+1+1=4

となり、今度は状態4が移行先と求まります。

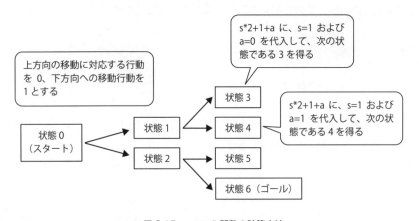

■図2.15　nexts()関数の計算方法

以上より、nexts()関数は簡単に記述することができます。

下請け関数の最後に、frand()関数について説明します。frand()関数は、第1章で扱ったj.cプログラムでも利用しましたが、0から1の範囲の実数乱数を生成する乱数関数です。

乱数は、Q学習の手続きの中では、Q値の初期値設定に利用したり、行動選択時のεグリーディ法適用において利用しています。これらの手続きにおいては、乱数が偏りなくばらばらに生成されることが必要です。

たとえばQ値の初期設定に偏りが生じると、学習を効率良く進めることができません。またεグリーディ法において乱数に偏りがあると、行動選択に偏りが生じ、これも学習の障害となる可能性があります。そこで、乱数関数は偏りのない一様な乱数を生成しなければなりません。

残念ながらC言語のライブラリには、こうした意味で数値シミュレーションに利用可能な性質を持った乱数関数は用意されていません。C言語に用意されている乱数関数はrand()関数ですが、その実装方法は処理系に依存しており、乱数としての性質は明らかではありません。いくつかの処理系について調べたところでは、rand()関数は乱数系列の周期が短く、生成された乱数にある程度の偏りがあるようです。

ここでは、そうした問題点があることを承知の上で、プログラムの互換性を優先するためにrand()関数を用いることにします。rand()関数は、乱数列の初期化にsrand()関数を用います。そこで、srand()関数に与える初期値を記号定数SEEDとして定義し、srand()関数を用いて乱数生成系を初期化します。

```
#define SEED 32767 /*乱数のシード*/
```

```
srand(SEED);/*乱数の初期化*/
```

後は、乱数生成のたびにrand()関数を呼び出して、下記のように0から1の範囲の値に変換して乱数として利用します。

```
(double)rand()/RAND_MAX ;
```

ここで、記号定数RAND_MAXは、rand()関数の返す乱数の最大値を定義した記号定数です。

2.2 Q学習の実装

本節では、Q学習プログラムの実装例を示します。はじめに、前節で検討した例題を学習するq21.cプログラムを示します。次に、前節の例題を拡張して探索空間を拡張した問題を示し、これを学習するq22.cプログラムを構築します。

2.2.1 q21.cプログラムの実装

はじめに、枝分かれした迷路を抜けてゴールを目指すq21.cプログラムを実装します。q21.cプログラムは、**図2.16**に示した関数群で構成されています。図2.16のそれぞれの関数は、先に表2.1に示した関数に対応しています。なお、図2.16では乱数に関係する関数であるfrand()およびrand0or1()は省略してあります。

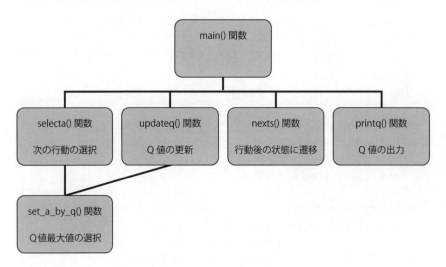

■図2.16　q21.cプログラムのモジュール構成図（乱数関数frand()およびrand0or1()は除く）

q21.cプログラムのソースコードを**リスト2.1**に示します。

■リスト2.1　q21.cプログラムのソースコード

```
 1:/***********************************************/
 2:/*           q21.c                             */
 3:/*     強化学習(Q学習)の例題プログラム　その1   */
 4:/*     単純な例題です                          */
```

```
 5:/*使い方                                    */
 6:/* C:\Users\odaka\ch2>q21                   */
 7:/*********************************************/
 8:
 9:/*Visual Studioとの互換性確保 */
10:#define _CRT_SECURE_NO_WARNINGS
11:
12:/*ヘッダファイルのインクルード*/
13:#include <stdio.h>
14:#include <stdlib.h>
15:
16:/* 記号定数の定義              */
17:#define GENMAX 50 /*学習の繰り返し回数*/
18:#define STATENO 7  /*状態の数*/
19:#define ACTIONNO 2  /*行動の数*/
20:#define ALPHA 0.1/*学習係数*/
21:#define GAMMA 0.9/*割引率*/
22:#define EPSILON 0.3 /*行動選択のランダム性を決定*/
23:#define SEED 32767 /*乱数のシード*/
24:#define REWARD 10 /*ゴール到達時の報酬*/
25:
26:#define GOAL 6/*状態6がゴール状態*/
27:#define UP 0/*上方向の行動*/
28:#define DOWN 1/*下方向の行動*/
29:#define LEVEL 2 /*枝分かれの深さ*/
30:
31:/* 関数のプロトタイプの宣言     */
32:int rand0or1() ;/*0又は1を返す乱数関数*/
33:double frand() ;/*0～1の実数を返す乱数関数*/
34:void printqvalue(double qvalue[][ACTIONNO]);/*Q値出力*/
35:int selecta(int s,double qvalue[][ACTIONNO]);/*行動選択*/
36:double updateq(int s,int snext,int a,double qvalue[][ACTIONNO]);/*Q値更新*/
37:int set_a_by_q(int s,double qvalue[][ACTIONNO]) ;/*Q値最大値を選択*/
38:int nexts(int s,int a) ;/*行動によって次の状態に遷移*/
39:
40:/****************/
41:/*  main()関数    */
42:/****************/
43:int main()
```

```
44:{
45: int i,j;
46: int s,snext;/*現在の状態と、次の状態*/
47: int t;/*時刻*/
48: int a;/*行動*/
49: double qvalue[STATENO][ACTIONNO] ;/*Q値*/
50:
51: srand(SEED);/*乱数の初期化*/
52:
53: /*Q値の初期化*/
54: for(i=0;i<STATENO;++i)
55:   for(j=0;j<ACTIONNO;++j)
56:     qvalue[i][j]=frand() ;
57: printqvalue(qvalue) ;
58:
59: /*学習の本体*/
60: for(i=0;i<GENMAX;++i){
61:   s=0;/*行動の初期状態*/
62:   for(t=0;t<LEVEL;++t){/*最下段まで繰り返す*/
63:     /*行動選択*/
64:     a=selecta(s,qvalue) ;
65:     fprintf(stderr," s= %d a=%d\n",s,a) ;
66:     snext=nexts(s,a) ;
67:
68:     /*Q値の更新*/
69:     qvalue[s][a]=updateq(s,snext,a,qvalue) ;
70:     /*行動aによって次の状態snextに遷移*/
71:     s=snext ;
72:   }
73:   /*Q値の出力*/
74:   printqvalue(qvalue) ;
75: }
76: return 0;
77:}
78:
79:/****************************/
80:/*     updateq()関数         */
81:/*     Q値を更新する          */
82:/****************************/
```

```
 83:double updateq(int s,int snext,int a,double qvalue[][ACTIONNO])
 84:{
 85: double qv ;/*更新されるQ値*/
 86:
 87: /*Q値の更新*/
 88: if(snext==GOAL)/*報酬が付与される場合*/
 89:    qv=qvalue[s][a]+ALPHA*(REWARD-qvalue[s][a]) ;
 90: else/*報酬なし*/
 91:    qv=qvalue[s][a]
 92:       +ALPHA*(GAMMA*qvalue[snext][set_a_by_q(snext,qvalue)]-qvalue[s][a]) ;
 93:
 94: return qv ;
 95:}
 96:
 97:/*****************************/
 98:/*       selecta()関数        */
 99:/*      行動を選択する         */
100:/*****************************/
101:int selecta(int s,double qvalue[][ACTIONNO])
102:{
103: int a ;/*選択された行動*/
104:
105: /*ε-greedy法による行動選択*/
106: if(frand()<EPSILON){
107:    /*ランダムに行動*/
108:    a=rand0or1();
109: }
110: else{
111:    /*Q値最大値を選択*/
112:    a=set_a_by_q(s,qvalue) ;
113: }
114:
115: return a ;
116:}
117:
118:/*****************************/
119:/*     set_a_by_q()関数       */
120:/*    Q値最大値を選択          */
121:/*****************************/
```

```
122:int set_a_by_q(int s,double qvalue[][ACTIONNO])
123:{
124: if((qvalue[s][UP])>(qvalue[s][DOWN]))
125:   return UP ;
126: else return DOWN;
127:}
128:
129:/****************************/
130:/*    nexts()関数           */
131:/*行動によって次の状態に遷移    */
132:/****************************/
133:int nexts(int s,int a)
134:{
135: return s*2+1+a ;
136:}
137:
138:/****************************/
139:/*    printqvalue()関数     */
140:/*    Q値を出力する          */
141:/****************************/
142:void printqvalue(double qvalue[][ACTIONNO])
143:{
144: int i,j ;
145:
146: for(i=0;i<STATENO;++i){
147:   for(j=0;j<ACTIONNO;++j)
148:     printf("%.3lf ",qvalue[i][j]);
149:   printf("\t") ;
150: }
151: printf("\n");
152:}
153:
154:/****************************/
155:/*    frand()関数           */
156:/*0～1の実数を返す乱数関数     */
157:/****************************/
158:double frand()
159:{
160: /*乱数の計算*/
```

```
161:    return (double)rand()/RAND_MAX ;
162:}
163:
164:/****************************/
165:/*     rand0or1()関数        */
166:/*    0又は1を返す乱数関数    */
167:/****************************/
168:int rand0or1()
169:{
170:    int rnd ;
171:
172:    /*乱数の最大値を除く*/
173:    while((rnd=rand())==RAND_MAX) ;
174:    /*乱数の計算*/
175:    return (int)((double)rnd/RAND_MAX*2) ;
176:}
```

　q21.cプログラムを実行すると、**図2.17**に示すような値が繰り返し出力されます。これは、スタートからゴールに至る1回分の試行に対応した出力データを表しています。

　図2.17の出力のうち、小数で表現された数値が並んでいる部分が、その時点でのQ値を示しています。また、変数sと変数aの値を示した部分が、状態遷移および選択された行動を示します。

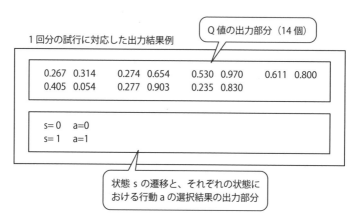

■図2.17　q21.cプログラムの出力例（1）　スタートからゴールに至る、1回分の試行に対応した出力結果例

図2.17のQ値の出力部分に示した14個の数値は、qvalue[0][0]、qvalue[0][1]、qvalue[1][0]、…、qvalue[6][1]の値です。ここで、qvalue[0][0]は、状態0において行動0すなわち上向きの行動を取った場合のQ値である、Q(状態0, 上)の値を表します。同様に、qvalue[0][1]は、状態0において行動1すなわち下向きの行動を取った場合のQ値であるQ(状態0, 行動1)の値を表します(**図2.18**)。

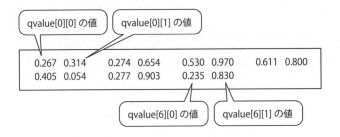

■図2.18 q21.cプログラムの出力例（2） Q値の出力

図2.17で、状態遷移と行動選択を示した部分では、1行目に状態0すなわちスタート状態における行動選択を示し、2行目には遷移した先の状態と、その状態における行動選択の結果を示しています。

たとえば**図2.19**の場合には、1行目のスタート状態（状態0）では行動0、すなわち上向きの行動を選択しており、その結果状態1に遷移します。次に遷移先の状態1では、行動1つまり下向きの行動を選択しています。

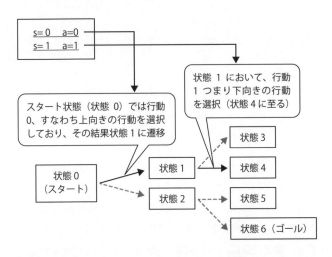

■図2.19 q21.cプログラムの出力（3） 状態の遷移と行動の選択

q21.cプログラムでは、図2.17に示したようなスタートからゴールに向かう試行を複数回繰り返します。q21.cプログラムの実行例を**実行例2.1**に示します。

■実行例2.1　q21.cプログラムの実行例

```
C:\Users\odaka\ch2>q21
 0.267 0.314    0.274 0.654    0.530 0.970    0.611 0.800    0.405 0.054    0.277 0.903    0.235 0.830
 s= 0 a=0
 s= 1 a=1
 0.299 0.314    0.274 0.625    0.530 0.970    0.611 0.800    0.405 0.054    0.277 0.903    0.235 0.830
 s= 0 a=1
 s= 2 a=1
 0.299 0.370    0.274 0.625    0.530 1.873    0.611 0.800    0.405 0.054    0.277 0.903    0.235 0.830
 s= 0 a=1
 s= 2 a=1
 0.299 0.501    0.274 0.625    0.530 2.686    0.611 0.800    0.405 0.054    0.277 0.903    0.235 0.830
 s= 0 a=1
 s= 2 a=0
 ・・・
 (以下出力が続く)
 ・・・
 0.388 8.102    0.274 0.518    0.677 9.749    0.611 0.800    0.405 0.054    0.277 0.903    0.235 0.830
 s= 0 a=1
 s= 2 a=1
 0.388 8.169    0.274 0.518    0.677 9.774    0.611 0.800    0.405 0.054    0.277 0.903    0.235 0.830
 s= 0 a=1
 s= 2 a=0
 0.388 8.232    0.274 0.518    0.691 9.774    0.611 0.800    0.405 0.054    0.277 0.903    0.235 0.830
 s= 0 a=1
 s= 2 a=1
 0.388 8.288    0.274 0.518    0.691 9.797    0.611 0.800    0.405 0.054    0.277 0.903    0.235 0.830

C:\Users\odaka\ch2>
```

実行例2.1の実行例では、q21.cプログラムは行動を繰り返してQ値の学習を進めています。学習の初期段階では、Q値はランダムであり、ゴール状態である状態6に到達することはできません。これに対して、試行を繰り返してQ学習を進めた結果では、Q値に基づく行動選択によって確実にゴールにたどり着くことができるようになります。**図2.20**に、実行例2.1に示した実行例のうちから、学習が進ん

だ後の出力における Q 値の様子を示します。

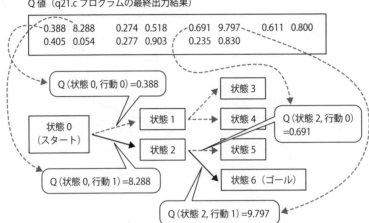

■図 2.20　学習後の Q 値の様子

　図2.20にあるように、状態0において行動0すなわち上向きの行動に対応するQ値であるQ(状態0, 行動0)と、行動1すなわち下向きの行動に対応するQ値のQ(状態0, 行動1)を比較すると、後者の方がはるかに大きな値となっています。このため、状態0でQ値によって行動を選択すれば、必ず下向きの行動である行動0を選択します。

　状態0で行動1を選択すると、状態は2に移行します。状態2で行動に対するQ値を調べると、行動1すなわち下向きの行動に対するQ値であるQ(状態2, 行動1)が大きな値を示します。そこで、状態2では下向きの行動が選択されます。以上のように、学習後のQ値を使った行動選択では、必ずゴールにたどり着くことができます。

　Q値の学習がどのように進展したのかを調べるため、qvalue[][]の値をグラフ化してみましょう。**図 2.21** に、qvalue[][]の学習による変化の様子を示します。

第2章 強化学習の実装

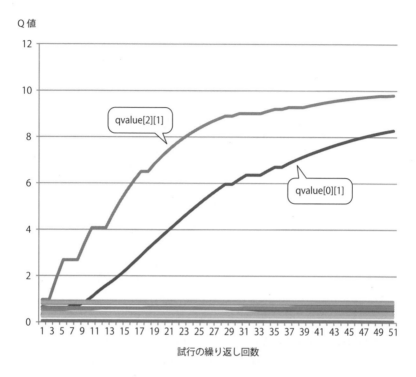

■図 2.21　Q値（qvalune[][]）の学習による変化の様子

　図2.21では、試行を繰り返すことによって、qvalue[2][1]およびqvalue[0][1]が徐々に増加している様子がわかります。この結果、図2.20に示したように、スタートからゴールに至る行動が獲得されるのです。

2.2.2　例題（2）　ゴールを見つける学習プログラム

　ここでは、q21.cプログラムを拡張して、少し複雑な学習プログラムを構築します。学習対象として、**図2.22**に示すような2次元に状態が配置された空間を考えます。学習プログラムは左上の状態0からスタートし、上下左右に移動しながらゴールである状態54を目指します。

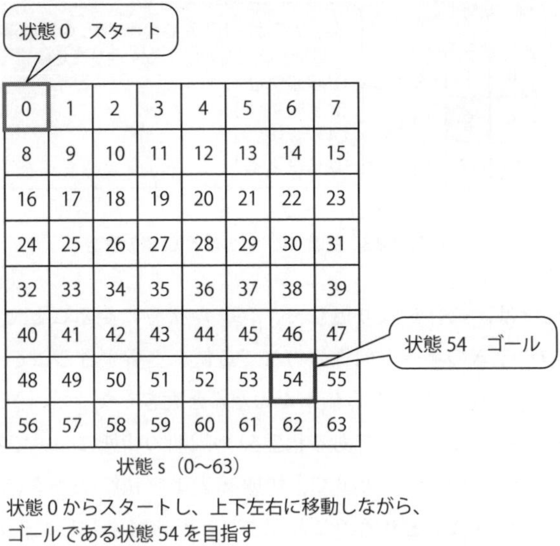

2.2 Q学習の実装

0	1	2	3	4	5	6	7
8	9	10	11	12	13	14	15
16	17	18	19	20	21	22	23
24	25	26	27	28	29	30	31
32	33	34	35	36	37	38	39
40	41	42	43	44	45	46	47
48	49	50	51	52	53	54	55
56	57	58	59	60	61	62	63

状態0　スタート
状態54　ゴール
状態s（0～63）

状態0からスタートし、上下左右に移動しながら、
ゴールである状態54を目指す

■図2.22　例題（2）　ゴールを見つける学習プログラム

　図2.22の例題に対する行動知識を、Q学習によって獲得する方法を考えます。このためには、状態sにおける行動aに対するQ値を設定する必要があります。

　図2.22では、状態は2次元的に配置されていますから、ある状態から別の状態に遷移する行動は、上下左右の4通りです。そこで、状態0から状態63までのそれぞれについて、上下左右の4通りの行動に対するQ値を設定します。たとえば、状態9を考えると、上下左右の4通りの行動に対して、

　　Q(状態9, 上)
　　Q(状態9, 下)
　　Q(状態9, 左)
　　Q(状態9, 右)

を設定します（**図2.23**）。これらの値は、学習に先立ってランダムに設定します。

例　状態9

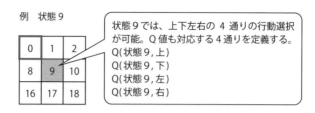

■図2.23　例題（2）におけるQ値の設定

学習の過程では、試行を繰り返して、ゴール状態に至ることで報酬を得ます。先のq21.cプログラムの場合と同様の方法でQ値を更新することで、ゴールに向かう行動に対応した一連の行動のQ値がだんだんと大きくなっていきます。

たとえば**図2.24**で、ゴールである状態54の周囲の状態について考えます。ゴール周囲の状態である状態53、状態55、状態46および状態62からは、1回の行動でゴールである状態54にたどり着くことができ、その結果として報酬を得ることができます。試行を繰り返すと、これらゴール周囲の状態においては、ゴールに向かう行動に対応するQ値が増加していきます。

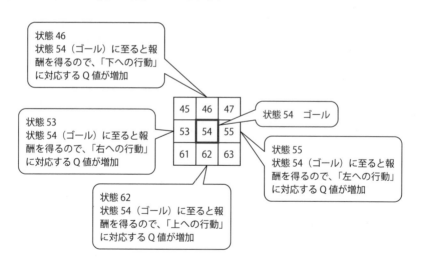

■図2.24　Q学習によるQ値の更新（1）　報酬を得られる場合

報酬を得られない場合には、次の状態で獲得しうるQ値のうち最大のQ値を用いて現在の状態で選択した行動に対応するQ値を更新します。この過程でも、ゴールに至る道筋に沿った行動に対するQ値が増加していきます。

たとえば**図2.25**で、状態38から下への行動を選択して状態46に移動したとします。状態46はゴールに近接した状態なので、次に取りうる行動に対するQ値は以前の行動で得た報酬によって大きくなっているはずです。そこで、状態38から下への行動を選択すると、この行動に対応するQ値が増加するはずです。同様のことが、たとえば状態52から状態53に遷移した際にも生じます。

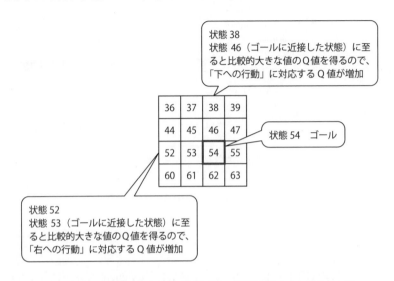

■図2.25　Q学習によるQ値の更新（2）　報酬を得られない場合の一例

それでは、図2.22の例題（2）を扱うq22.cプログラムをC言語で構成しましょう。Q学習のアルゴリズムは図2.10に示した通りですから、q22.cプログラムの基本的な構造と処理の流れは、q21.cプログラムと同様です。

q21.cプログラムの場合と同様に、基本となるデータの表現方法を考えます。状態s、行動a、およびQ値Q(s, a)の表現はq21.cプログラムの場合と同様です。

```
int s;/*状態s*/
int a;/*行動a*/
double qvalue[STATENO][ACTIONNO] ;/*Q値*/
```

ただし、STATENOとACTIONNOは、問題の条件に合わせて次のように定義します。

第2章 強化学習の実装

```
#define STATENO  64    /*状態の数*/
#define ACTIONNO 4     /*行動の数*/
```

ここで、状態の数は、状態0から状態63までの64個であり、行動の数は上下左右の4通りです。上下左右の行動を**図2.26**のように記号定数として定義します。

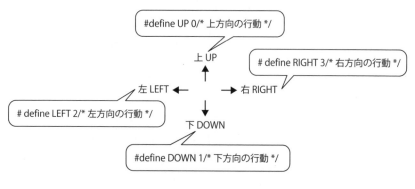

■図2.26　例題（2）における4通りの行動

以上のデータ構造を用いて、図2.10に示したQ学習のアルゴリズムを実装します。

まず、図2.10の初期化手続きではQ値を格納したqvalue[][]配列を乱数で初期化します。ただし、問題で定義された領域外への移動を禁止するため、領域の外に向かう行動に対するQ値は0に設定することにします。

図2.27で、上辺にあたる状態0から状態7では、さらに上向きに行動すると問題領域の外に飛び出してしまいます。そこで、上向きの行動を禁止するために、これらの状態における上向きの行動に対応するQ値qvalue[][UP]を0に初期化します。

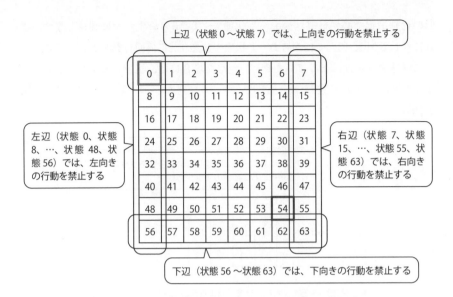

■図2.27 Q値の初期化手続きにおける、領域外への行動の抑制

こうすることで、Q値による行動選択においては、領域外の方向に向かうことがなくなります。またε-greedy法による行動選択においては、ランダムに選択した行動に対応するQ値が0の場合には選択をやり直すことで、ランダムな行動選択においても領域外への行動が選択されないようにします。

図2.27を反映した初期化の手続きを以下に示します。

```
/*Q値の初期化*/
for(i=0;i<STATENO;++i)
 for(j=0;j<ACTIONNO;++j){
  qvalue[i][j]=frand() ;
  if(i<=7)  qvalue[i][UP]=0 ;/*最上段ではUP方向に進まない*/
  if(i>=56) qvalue[i][DOWN]=0 ;/*最下段ではDOWN方向に進まない*/
  if(i%8==0) qvalue[i][LEFT]=0 ;/*左端ではLEFT方向に進まない*/
  if(i%8==7) qvalue[i][RIGHT]=0 ;/*右端ではRIGHT方向に進まない*/
 }
```

初期化に続いて、図2.10の学習ループ（1）〜（6）に進みます。ここでの処理は、基本的にはq21.cと同様です。ただし、q21.cプログラムでは、スタート状態から2

回の行動選択で必ず最終状態である状態3〜状態6のいずれかに到達します。これに対して例題（2）では、スタート状態の状態0から何回行動を選択したらゴールに到達するかは決まっていません。極端な場合には、状態の間をループしてしまって何百回の行動選択を繰り返してもゴールに到達しない場合もあり得ます（**図2.28**）。

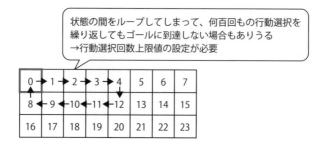

■図2.28　1回の試行における行動選択回数上限値の設定の必要性

そこでq22.cでは、1回の試行における行動選択の上限回数を設定します。上限回数は、記号定数LEVELで与えることにします。これは、図2.10のQ学習アルゴリズムの（5）を素直に実現したにすぎません。この点を考慮して構成した学習の本体部分のコード例を以下に示します。

```
/*学習の本体*/
for(i=0;i<GENMAX;++i){
 s=0;/*行動の初期状態*/
 for(t=0;t<LEVEL;++t){/*最大ステップ数まで繰り返す*/
  /*行動選択*/
  a=selecta(s,qvalue) ;
  snext=nexts(s,a) ;

  /*Q値の更新*/
  qvalue[s][a]=updateq(s,snext,a,qvalue) ;
  /*行動aによって次の状態snextに遷移*/
  s=snext ;
  /*ゴールに到達したら初期状態に戻る*/
  if(s==GOAL) break ;
 }
}
```

2.2 Q学習の実装

次に、それぞれの下請け関数について考えます。

まず、行動選択を担当するselecta()関数の構成方法を考えます。selecta()関数の動作は、q21.プログラムの場合とほぼ同様です。つまり、ε-greedy法により、ランダムな行動とQ値最大に基づく行動のいずれかを選んで実行します。

ただし、選択される行動はq21.cプログラムの場合と異なり、上下左右の4通りとなります。また、ランダムな行動において領域外への移動を行おうとして対応するQ値が0となった場合には、行動選択をやり直す必要があります。

以上をプログラムコードに反映すると、次のようになります。ただし、rand03()関数は0、1、2または3をランダムに返す乱数関数です。

```
/*ε-greedy法による行動選択*/
if(frand()<EPSILON){
 /*ランダムに行動*/
 do
  a=rand03() ;
 while(qvalue[s][a]==0) ;/*移動できない方向ならやり直し*/
}
else{
 /*Q値最大値を選択*/
 a=set_a_by_q(s,qvalue) ;
}
```

上記で、set_a_by_q()関数の処理は、q21.cプログラムの場合よりも少しだけ複雑になります。q21.cプログラムでは、上または下の2通りのいずれかを行動として選択しました。これに対してq22.プログラムでは、上下左右の4通りの行動からQ値に従って1つの行動を選び出します。このため、次のような処理が必要です。

```
double maxq=0 ;/*Q値の最大値候補*/
int maxaction=0 ;/*Q値最大に対応する行動*/
int i ;

for(i=0;i<ACTIONNO;++i)
 if((qvalue[s][i])>maxq){
  maxq=qvalue[s][i] ;/*最大値の更新*/
  maxaction=i ;/*対応する行動*/
 }
```

ここで、maxactionはQ値が最大となる行動の番号です。set_a_by_q()関数では、上記で求めたmaxactionの値を戻り値とします。

次に、Q値更新を担当するupdateq()関数について検討します。実は、updateq()関数については、q21.cプログラムとq22.cプログラムでは同じ処理となり、特に違いはありません。したがって、q22.cプログラムでは特に変更せずにq21.cプログラムのupdateq()関数が利用可能です。

状態遷移の関数であるnexts()関数は、q22.cプログラムでは取りうる行動が上下左右の4通りありますから、2通りの行動のみを扱ったq21.cプログラムとは、処理内容が当然異なります。具体的には、上下左右の4種類の行動に対して、それぞれ状態sに適当な値を加算します。加算値は、上下左右に対してそれぞれ−8、8、−1、1となります（**図2.29**）。

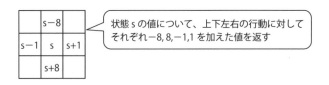

■図2.29　q22.cプログラムにおけるnexts()関数の動作

図2.29の動作を実現するために、nexts()関数では次のような配列next_s_value[]を利用します。

```
int next_s_value[]={-8,8,-1,1} ;
    /*行動aに対応して次の状態に遷移するための加算値*/
```

next_s_value[]配列を利用すると、現在の状態sに行動aで指定した値を加えることで、以下の式で次の状態を求めることができます。

```
s+next_s_value[a]
```

以上の準備をもとに、q22.cプログラムを構成します。**リスト2.2**に、q22.cプログラムのソースコードを示します。

■ リスト 2.2　q22.c プログラムのソースコード

```
 1:/********************************************/
 2:/*          q22.c                           */
 3:/*    強化学習(Q学習)の例題プログラム　その2   */
 4:/*    少し複雑な例題です                      */
 5:/*使い方                                     */
 6:/*   C:\Users\odaka\ch2>q22                  */
 7:/********************************************/
 8:
 9:/*Visual Studioとの互換性確保 */
10:#define _CRT_SECURE_NO_WARNINGS
11:
12:/*ヘッダファイルのインクルード*/
13:#include <stdio.h>
14:#include <stdlib.h>
15:
16:/* 記号定数の定義              */
17:#define GENMAX  100 /*学習の繰り返し回数*/
18:#define STATENO  64  /*状態の数*/
19:#define ACTIONNO 4   /*行動の数*/
20:#define ALPHA 0.1/*学習係数*/
21:#define GAMMA 0.9/*割引率*/
22:#define EPSILON 0.3 /*行動選択のランダム性を決定*/
23:#define SEED 32767 /*乱数のシード*/
24:#define REWARD 10 /*ゴール到達時の報酬*/
25:
26:#define GOAL 54/*状態54がゴール状態*/
27:#define UP 0/*上方向の行動*/
28:#define DOWN 1/*下方向の行動*/
29:#define LEFT 2/*左方向の行動*/
30:#define RIGHT 3/*右方向の行動*/
31:#define LEVEL 512 /*1試行における最大ステップ数*/
32:
33:/* 関数のプロトタイプの宣言    */
34:int rand03() ;/*0～3の値を返す乱数関数*/
35:double frand() ;/*0～1の実数を返す乱数関数*/
36:void printqvalue(double qvalue[][ACTIONNO]);/*Q値出力*/
37:int selecta(int s,double qvalue[][ACTIONNO]);/*行動選択*/
38:double updateq(int s,int snext,int a,double qvalue[][ACTIONNO]);/*Q値更新*/
```

```
39:int set_a_by_q(int s,double qvalue[][ACTIONNO]) ;/*Q値最大値を選択*/
40:int nexts(int s,int a) ;/*行動によって次の状態に遷移*/
41:
42:/****************/
43:/*  main()関数   */
44:/****************/
45:int main()
46:{
47: int i,j;
48: int s,snext;/*現在の状態と、次の状態*/
49: int t;/*時刻*/
50: int a;/*行動*/
51: double qvalue[STATENO][ACTIONNO] ;/*Q値*/
52:
53: srand(SEED);/*乱数の初期化*/
54:
55: /*Q値の初期化*/
56: for(i=0;i<STATENO;++i)
57:   for(j=0;j<ACTIONNO;++j){
58:     qvalue[i][j]=frand() ;
59:     if(i<=7) qvalue[i][UP]=0 ;/*最上段ではUP方向に進まない*/
60:     if(i>=56) qvalue[i][DOWN]=0 ;/*最下段ではDOWN方向に進まない*/
61:     if(i%8==0) qvalue[i][LEFT]=0 ;/*左端ではLEFT方向に進まない*/
62:     if(i%8==7) qvalue[i][RIGHT]=0 ;/*右端ではRIGHT方向に進まない*/
63:   }
64: printqvalue(qvalue) ;
65:
66: /*学習の本体*/
67: for(i=0;i<GENMAX;++i){
68:   s=0;/*行動の初期状態*/
69:   for(t=0;t<LEVEL;++t){/*最大ステップ数まで繰り返す*/
70:     /*行動選択*/
71:     a=selecta(s,qvalue) ;
72:     fprintf(stderr,"%d: s= %d a=%d\n",t,s,a) ;
73:     snext=nexts(s,a) ;
74:
75:     /*Q値の更新*/
76:     qvalue[s][a]=updateq(s,snext,a,qvalue) ;
77:     /*行動aによって次の状態snextに遷移*/
```

2.2 Q学習の実装

```
78:    s=snext ;
79:   /*ゴールに到達したら初期状態に戻る*/
80:   if(s==GOAL) break ;
81:  }
82:  fprintf(stderr,"\n") ;
83:  /*Q値の出力*/
84:  printqvalue(qvalue) ;
85:
86: }
87: return 0;
88:}
89:
90:/****************************/
91:/*       updateq()関数       */
92:/*     Q値を更新する         */
93:/****************************/
94:double updateq(int s,int snext,int a,double qvalue[][ACTIONNO])
95:{
96: double qv ;/*更新されるQ値*/
97:
98: /*Q値の更新*/
99: if(snext==GOAL)/*報酬が付与される場合*/
100:    qv=qvalue[s][a]+ALPHA*(REWARD-qvalue[s][a]) ;
101: else/*報酬なし*/
102:    qv=qvalue[s][a]
103:      +ALPHA*(GAMMA*qvalue[snext][set_a_by_q(snext,qvalue)]-qvalue[s][a]) ;
104:
105: return qv ;
106:}
107:
108:/****************************/
109:/*       selecta()関数       */
110:/*     行動を選択する        */
111:/****************************/
112:int selecta(int s,double qvalue[][ACTIONNO])
113:{
114: int a ;/*選択された行動*/
115:
116: /*ε-greedy法による行動選択*/
```

```
117: if(frand()<EPSILON){
118:   /*ランダムに行動*/
119:   do
120:     a=rand03() ;
121:   while(qvalue[s][a]==0) ;/*移動できない方向ならやり直し*/
122: }
123: else{
124:   /*Q値最大値を選択*/
125:   a=set_a_by_q(s,qvalue) ;
126: }
127:
128: return a ;
129:}
130:
131:/*****************************/
132:/*     set_a_by_q()関数       */
133:/*     Q値最大値を選択         */
134:/*****************************/
135:int set_a_by_q(int s,double qvalue[][ACTIONNO])
136:{
137: double maxq=0 ;/*Q値の最大値候補*/
138: int maxaction=0 ;/*Q値最大に対応する行動*/
139: int i ;
140:
141: for(i=0;i<ACTIONNO;++i)
142:   if((qvalue[s][i])>maxq){
143:     maxq=qvalue[s][i] ;/*最大値の更新*/
144:     maxaction=i ;/*対応する行動*/
145:   }
146:
147: return maxaction ;
148:}
149:
150:/*****************************/
151:/*     nexts()関数            */
152:/*行動によって次の状態に遷移    */
153:/*****************************/
154:int nexts(int s,int a)
155:{
```

```
156: int next_s_value[]={-8,8,-1,1} ;
157:        /*行動aに対応して次の状態に遷移するための加算値*/
158:
159: return s+next_s_value[a] ;
160:}
161:
162:/***************************/
163:/*     printqvalue()関数    */
164:/*     Q値を出力する         */
165:/***************************/
166:void printqvalue(double qvalue[][ACTIONNO])
167:{
168: int i,j ;
169:
170: for(i=0;i<STATENO;++i){
171:   printf("%d ",i) ;
172:   for(j=0;j<ACTIONNO;++j)
173:     printf("%.3lf ",qvalue[i][j]);
174:   printf("\n") ;
175: }
176: printf("\n");
177:}
178:
179:/***************************/
180:/*     frand()関数          */
181:/*0~1の実数を返す乱数関数    */
182:/***************************/
183:double frand()
184:{
185: /*乱数の計算*/
186: return (double)rand()/RAND_MAX ;
187:}
188:
189:/***************************/
190:/*     rand03()関数         */
191:/*  0~3の値を返す乱数関数    */
192:/***************************/
193:int rand03()
194:{
```

第2章 強化学習の実装

```
195: int rnd ;
196:
197: /*乱数の最大値を除く*/
198: while((rnd=rand())==RAND_MAX) ;
199: /*乱数の計算*/
200: return (int)((double)rnd/RAND_MAX*4) ;
201:}
```

　q22.cプログラムを実行すると、**実行例2.2**のような出力を得ます。実行例2.2で、q22.cプログラムは、Q値の出力と試行の過程を繰り返し出力しています。実行例のように、最初はランダムなQ値を用いて行動しているため、ゴールまでの行動回数が非常に長かったり、場合によってはゴールにたどり着くことができないこともあります。学習が進むと、スタートからゴールまで最短経路を通って到達できるようになります。

■実行例2.2　q22.cプログラムの実行例

```
C:\Users\odaka\ch2>q22
0 0.000 0.314 0.000 0.654
1 0.000 0.970 0.611 0.800
2 0.000 0.054 0.277 0.903
3 0.000 0.830 0.112 0.048
4 0.000 0.464 0.755 0.400
5 0.000 0.439 0.030 0.174
・・・
59 0.986 0.000 0.307 0.438
60 0.087 0.000 0.929 0.508
61 0.068 0.000 0.267 0.148
62 0.343 0.000 0.487 0.462
63 0.301 0.000 0.301 0.000
0: s= 0 a=3
1: s= 1 a=1
2: s= 9 a=0
3: s= 1 a=1
・・・
435: s= 53 a=2
436: s= 52 a=3
437: s= 53 a=2
438: s= 52 a=3
439: s= 53 a=3
```

状態0から状態63について、上下左右の行動に対応するQ値を出力

1回目の試行
スタート（状態0）から行動を開始し、移動を続ける

439ステップ目に、状態53から右に移動（a=3）、ゴール（状態54）に至る

```
 0 0.000 0.314 0.000 0.676
 1 0.000 0.892 0.611 0.800
 2 0.000 0.111 0.332 0.685
 3 0.000 0.660 0.313 0.261
 ...
60 0.087 0.000 0.923 0.508
61 0.068 0.000 0.324 0.148
62 0.343 0.000 0.462 0.462
63 0.301 0.000 0.314 0.000
```
⎫ 1回目の試行後のQ値の値を出力

```
0: s=  0 a=3
1: s=  1 a=1
2: s=  9 a=3
3: s= 10 a=0
...
508: s= 29 a=2
509: s= 28 a=3
510: s= 29 a=2
511: s= 28 a=3
...
```

2回目の試行
再びスタート（状態0）から行動を開始し、移動を続ける

1回の試行における行動数の上限（この例では512回）を超えてもゴールに到達しなかったので、2回目の試行を打ち切る

（以下、Q値の出力と試行が繰り返される）

```
...
 0: s=  0 a=1
 1: s=  8 a=1
 2: s= 16 a=3
 3: s= 17 a=1
 4: s= 25 a=3
 5: s= 26 a=3
 6: s= 27 a=1
 7: s= 35 a=3
 8: s= 36 a=1
 9: s= 44 a=3
10: s= 45 a=3
11: s= 46 a=1
```

学習を複数回繰り返した後の試行

学習の最終段階の試行では、12ステップでスタートからゴールに到達できるようになる

```
C:\Users\odaka\ch2>
```

図2.30に、実行例2.2における学習の最終段階での試行を図示します。図2.30

のように、学習の最終段階の試行では、最短の12ステップでスタートからゴールに到達できるようになっています。

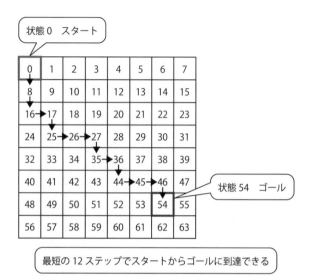

■図2.30　学習の最終段階の試行

　実行例2.2の学習過程を、Q値の変化から調べてみます。**図2.31**に、学習初期と最終段階のQ値の比較を示します。図2.31では、各状態で取りうるQ値のうち最大値となるものについて、行動の方向を矢印で表現しています。結果として図2.31では、ある状態においてQ値によって選択される行動が矢印の向きによって示されています。

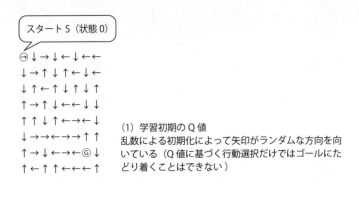

(1) 学習初期のQ値
乱数による初期化によって矢印がランダムな方向を向いている（Q値に基づく行動選択だけではゴールにたどり着くことはできない）

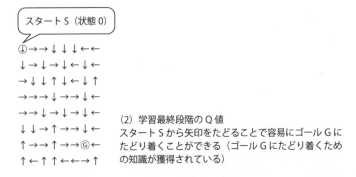

(2) 学習最終段階のQ値
スタートSから矢印をたどることで容易にゴールGにたどり着くことができる（ゴールGにたどり着くための知識が獲得されている）

■図 2.31　Q値の変化から見た学習過程

　(1) に示した学習初期の状態では、乱数による初期化によって矢印がランダムな方向を向いています。このため、学習初期においてはQ値による行動選択はランダムに行われ、Q値に基づく行動選択だけではゴールにたどり着くことはできません。

　これに対して、学習の最終段階となる (2) では、スタートSから矢印をたどることで容易にゴールGにたどり着くことができます。また、スタート以外の状態から始めても、矢印の方向に移動していくことでゴールGにたどり着くことができます。これらのことから、Q学習によって、ゴールGに到達するための行動知識が獲得されていることがわかります。

第3章

深層学習の技術

本章では、深層学習の基礎技術であるニューラルネットについて説明します。はじめに、標準的なニューラルネットである階層型ニューラルネットについて、その計算方法や学習の方法を示します。次に、深層学習で用いられる畳み込みニューラルネットについて、その構造や学習の方法を示します。

3.1 深層学習を実現する技術

ここでは、第1章で述べたニューロンを複数個使って、ニューラルネットを構成する方法を示します。また、ニューラルネットの学習手法として、バックプロパゲーションを示します。

3.1.1 ニューロンの働きと階層型ニューラルネット

第1章では、単体のニューロンの計算方法を述べました。単体のニューロンは、複数の入力を受け取り、一つの値を出力します。第1章で述べたように、複数のニューロンを組み合わせて、全体としてある入力を受け取ると適当な出力を与えるような計算機構を構成することができます。これがニューラルネットです。

ニューラルネットには、さまざまな構成方法があります。その中でも、**図3.1**に示す階層型ニューラルネットは、典型的なニューラルネットの構成例です。図3.1の階層型ニューラルネットは、入力としてx_0とx_1の2つの値を受け取り、一つの出力値zを計算します。

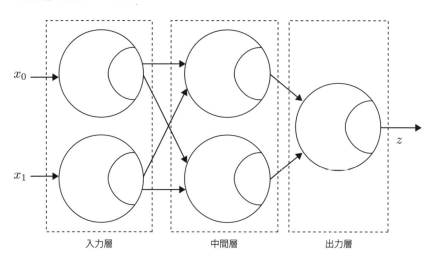

■ 図3.1 階層型ニューラルネットの例

図3.1の階層型ニューラルネットは、入力層、中間層、および出力層の3層から構成されています。各階層については、入力層に2個のニューロンを有し、中間層

に2個、そして出力層に1個のニューロンが配置されています。以下ここでは、図3.1のような基本的な階層型ニューラルネットについて検討します。

図3.1の階層型ニューラルネットにおいて、**図3.2**のように重みやしきい値などのネットワークパラメタが設定されている場合を考えてみましょう。ただし、各ニューロンの伝達関数にはステップ関数を用いることにします。

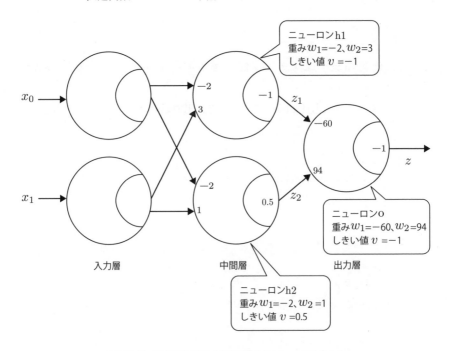

■図3.2 具体的なパラメタを設定したニューラルネット

図3.2では、入力層のニューロンにはパラメタが設定されていません。これは、入力値をそのまま出力して次の層に送ることを意味しています。

中間層のニューロンh1およびh2と、出力層のニューロンoには、それぞれ重みwとしきい値vが設定されています。たとえば中間層上段のニューロンh1については、2つの入力に対してそれぞれ−2と3の重みが設定されており、しきい値は−1となっています。

このニューロンに、たとえば**図3.3**のように入力(1, 1)が与えられると、このニューロンの出力z_1は次のように計算することができます。

$$u_1 = \sum xw - v$$
$$= 1 \times (-2) + 1 \times 3 - (-1)$$
$$= 2$$

$$z_1 = f(2)$$
$$= 1$$

ただし、伝達関数 f はステップ関数であり、$x < 0$ で $f(x) = 0$、$x \geq 0$ で $f(x) = 1$ です。

同様に、たとえば入力 $(1, 0)$ が与えられると、出力 z_1 は次のように 0 となります。

$$u_1 = \sum xw - v$$
$$= 1 \times (-2) + 0 \times 3 - (-1)$$
$$= -1$$

$$z_1 = f(-1)$$
$$= 0$$

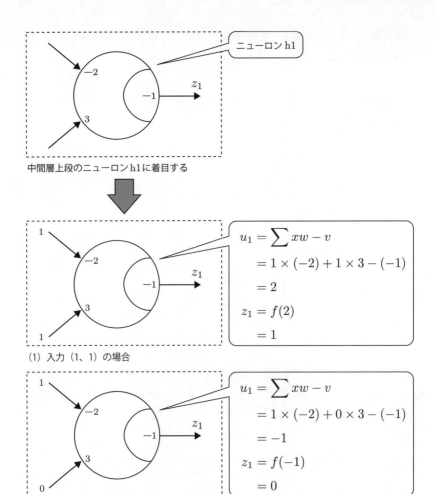

■図3.3 ニューロンの計算例

中間層と出力層の他のニューロンについても、それぞれ同様に計算することができます。

図3.2のニューラルネット全体について計算をするには、個々のニューロンについての計算を、入力層から出力層に向けて順に実施します。たとえば、**図3.4**のようにニューラルネットの入力として(1, 1)が与えられると、最終的な計算結果として0を得ます。この計算は、次のような手順で計算を進めます。

第3章 深層学習の技術

入力層に与えられた値を、中間層の2つのニューロンにそれぞれ与えて、中間層の出力であるz_1とz_2を計算する
↓
z_1とz_2を用いて、出力層ニューロンの出力値z_3を求め、ニューラルネット全体の出力zとする

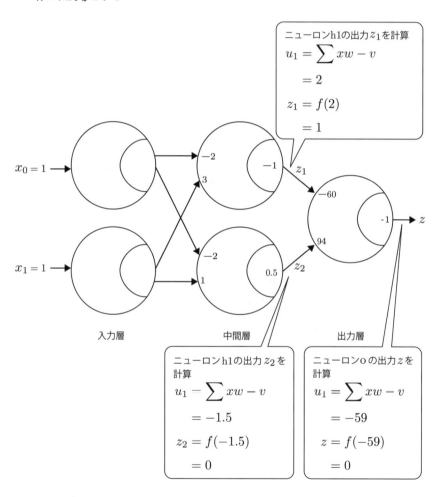

■図3.4 ニューラルネットの入力として (1, 1) が与えられた場合の計算方法

図3.2のニューラルネットに、いくつかの入力を与えた場合の出力を**表3.1**に示します。表3.1にあるように、図3.2のニューラルネットは論理演算の排他的論理和

に対応する計算能力を有しています。

■表3.1　図3.2のニューラルネットの計算結果例

x_1	x_2	u_1	z_1	u_2	z_2	u_3	$z_3(=z)$
0	0	1	1	-0.5	0	-59	0
0	1	4	1	0.5	1	35	1
1	1	2	1	-1.5	0	-59	0
1	0	-1	0	-2.5	0	1	1

　以上の例のように、入力データから出力値を求める場合の階層型ニューラルネットの計算は、入力層から出力層に向けて順に各ニューロンの計算を行うことで可能です。各ニューロンの計算は掛け算や足し算、それに伝達関数の計算から行うことができますから、計算自体は非常に簡単です。したがって、一般に階層型ニューラルネットでは、入力から出力を求める順方向の計算は、ごく短時間に計算することが可能です。

　もちろん、入力から出力値を求める計算においては、ネットワークのパラメタであるニューロンの重みやしきい値が、事前にすべて適切に決定されている必要があります。これらのパラメタを決定することを、ニューラルネットの学習と呼びます。学習は、順方向の計算と比較して格段に計算の手間がかかる作業です。

3.1.2　階層型ニューラルネットの学習

　それでは、ニューラルネットのパラメタを決定する学習の方法について検討しましょう。まず、**図3.5**のネットワークにおいて、出力層のニューロン一つだけに着目し、そのパラメタを学習する方法を考えます。図3.5の例では、決定すべきパラメタは、重みw_1、w_2と、しきい値vの3つです。

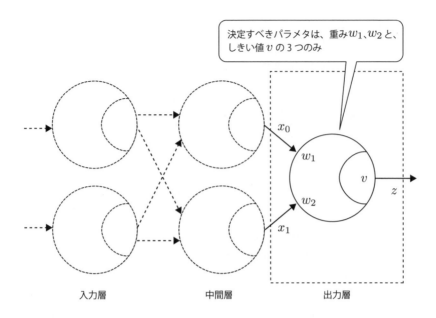

■図3.5　出力層のニューロンのみについてパラメタを学習する

図3.5のニューロンに対して、たとえば**表3.2**に示すような入出力関係を学習させることを考えます。これは、論理和 (OR)の論理演算を意味しています。

■表3.2　学習データ

入力		出力（教師データ）
x_0	x_1	z
0	0	0
0	1	1
1	0	1
1	1	1

学習を始める前に、パラメタに対して適当な初期値を与えます。ニューラルネットでは、一般に初期値としてパラメタに乱数を与えます。ここでは、たとえば**図3.6**のように初期値が与えられたと仮定します。

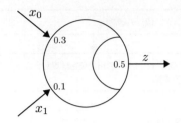

■図3.6　乱数によるパラメタの初期化

　図3.6のパラメタはランダムな初期値にすぎませんから、学習によって正しいパラメタを求める必要があります。学習にあたっては、表3.2に示した学習データを順次適用することで、少しずつパラメタを調整していきます。つまり、たとえば、まず入力(1, 1)に対して正しい出力1が出るように調整し、次に入力(0, 1)に対して正しい出力1が得られるように調整をし、以下(1, 0)、(0, 0)に対しても調整を進めます。一巡調整が終わったら、また最初の入力(1, 1)に戻って微調整をし、以下繰り返し表3.2の学習データを使ってパラメタの微調整を進めます（**図3.7**）。

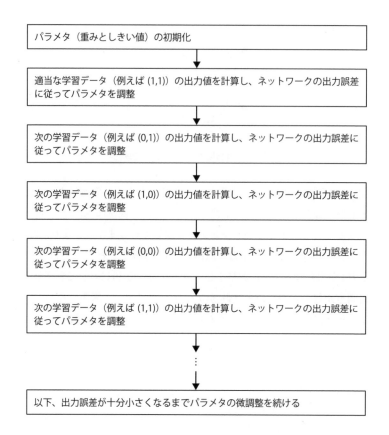

■図 3.7　図 3.5 のニューロンの学習手順

それでは、最初の学習データとして (1, 1) を使って学習を始めましょう。図 3.6 のパラメタを使って、まず入力 (1, 1) に対する出力を計算します。すると、出力 z は次のように 0 となります。

$$u_1 = \sum xw - v$$
$$= 1 \times (0.3) + 1 \times 0.1 - 0.5$$
$$= -0.1$$

$$z_1 = f(-0.1)$$
$$= 0$$

表3.2によると、入力(1, 1)に対する正しい出力、すなわち教師データは1です。したがって、最初に乱数で与えられたパラメタでは、入力(1 ,1)に対する正しい計算はなされないことがわかりました。そこで、パラメタを調整することで正しい出力が得られるようにします。

パラメタを調整するために、なぜ出力が正しく得られなかったのかを考えます。計算結果を見ると、伝達関数への入力uは－0.1であり、出力zは0です。これは正しい値1と比較して小さい値です。そこで、入力(1, 1)に対してネットワークの出力がもっと大きな値となるようにパラメタを調整することにしましょう。

ネットワークの出力を大きくするためには、重みwの値をより大きくする必要があります。また、しきい値については逆に小さな値としなければなりません。そこで、wとvの値を次のように増減させることにしましょう。

w_1　　0.3→0.45

w_2　　0.1→0.15

v　　　0.5→0.25

上記では、重みw_1とw_2の値にそれぞれ自分自身の値の半分の値を加えて大きくし、しきい値vの値からはvの半分の値を引いて小さな値にしています。

上記の重みとしきい値を使って、改めて入力(1, 1)に対する出力を計算します。

$$u_1 = \sum xw - v$$
$$= 1 \times (0.45) + 1 \times 0.15 - 0.25$$
$$= 0.35$$

$$z_1 = f(0.35)$$
$$= 1$$

今度は、正しい出力1を得ることができました。

次に、図3.7の手順に従って、入力(0, 1)について学習します。上述の過程で更新したパラメタを使って入力(0, 1)に対する出力を計算すると、出力zは次のように0となります。

$$u_1 = \sum xw - v$$
$$= 0 \times (0.45) + 1 \times 0.15 - 0.25$$
$$= -0.1$$

$$z_1 = f(-0.1)$$
$$= 0$$

入力(0, 1)に対する教師データは1ですから、もっと大きな値が出力されるようにパラメタを調整しなければなりません。そこで、先ほどと同様にそれぞれの値の1/2の値を加減算することで、より大きな値が出力されるようにパラメタを調整します。ただしこの時、入力値0に対応する重みについては、重みを入力値に掛けると0になってしまいますから、実際には出力の計算に寄与していません。そこで、入力値0に対応する重み0.45は、調整せずにそのままの値としておきます。

w_1　　0.45→0.45（入力値が0なので、調整対象としない）
w_2　　0.15→0.225
v　　0.25→0.125

これらの値を使って再計算すると、出力zは次のように1となります。

$$u_1 = \sum xw - v$$
$$= 0 \times (0.45) + 1 \times 0.225 - 0.125$$
$$= 0.1$$

$$z_1 = f(0.1)$$
$$= 1$$

さらに次に進みます。上記で求めたパラメタを使って入力（1, 0）に対する出力zを計算すると、今度はたまたま正解の$z = 1$を得ることができました。

$$u_1 = \sum xw - v$$
$$= 1 \times (0.45) + 0 \times 0.225 - 0.125$$
$$= 0.325$$

$$z_1 = f(0.325)$$
$$= 1$$

正解が得られましたから、入力 (1, 0) に対するパラメタの調整は必要ありません。

次は、入力 (0, 0) に対する出力です。これも同様に、以下のように出力zを計算します。

$$u_1 = \sum xw - v$$
$$= 0 \times (0.45) + 0 \times 0.225 - 0.125$$
$$= -0.125$$

$$z_1 = f(-0.125)$$
$$= 0$$

出力zは0となり、これも教師データに一致しています。

これで4種類の入力データの組に対して一通り学習を行いました。学習の過程でパラメタが変更されていますから、はじめに戻って (1, 1) について再び計算します。すると、下記のように$z=1$の正解を得ます。

$$u_1 = \sum xw - v$$
$$= 1 \times (0.45) + 1 \times 0.225 - 0.125$$
$$= 0.55$$

$$z_1 = f(0.55)$$
$$= 1$$

正解が出力されたので、ここでのパラメタ調整は必要ありません。これで、4種類すべての入力に対して正しい出力が得られましたから、学習を終了します。

以上、ニューロン一つの学習について、実例を通して考えました。ここで示した学習方法は、結局、**図3.8**に示すような操作を、学習用の入力データに対して繰り返していることになります。

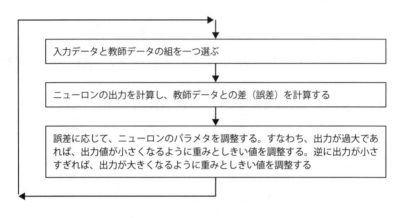

■図3.8 ニューロンの学習アルゴリズム

図3.8において、学習には、教師データ（正解の値）と出力値の差である誤差Eの計算が必要になります。重みやしきい値の調整は、誤差の大小に従って行われるからです。ニューロン一つの場合には誤差は簡単に求まります。しかし、ニューロンが多段に組み合わされたニューラルネットにおいては、誤差をどう考えるのかは自明ではありません。そこで、**図3.9**のように、最終段の誤差値を前段の各ニューロンに振り分けることを考えます。これを**誤差逆伝播（バックプロパゲーション、back propagation）**と呼びます。

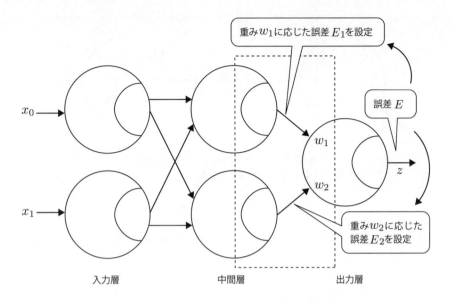

■図 3.9　階層型ニューラルネットにおける誤差の逆伝播

　図3.9で、中間層にあたるニューロンについて学習する場合には、出力層における誤差を中間層の各ニューロンに分配します。この時、誤差を生じさせた"責任"に応じて、誤差を分配することを考えます。ここで、誤差を生じさせる"責任"は、中間層から出力層への結合の重みに比例していると考えるのが自然でしょう。つまり、重みが大きい場合には中間層から出力層への影響が強いのですから、その分誤差に大きな影響を与えている、と考えるのです。そこで、出力層の誤差を中間層に分配する際には、中間層から出力層への重みに比例して分配することにします。こうすることで、中間層の各ニューロンについても、出力層のニューロンと同様に学習を行うことが可能です。

　以上の考え方を、数式としてまとめます。まず、出力層におけるパラメタ調整の方法について考えます。この時、重みとしきい値を別個に扱うのは面倒ですから、両者を同じ計算方法で扱えるようにします。このためには、しきい値は重みの一種であり、入力として常に－1が与えられていると考えます（**図3.10**）。こうすることで、しきい値だけ特別扱いする必要がなくなります。

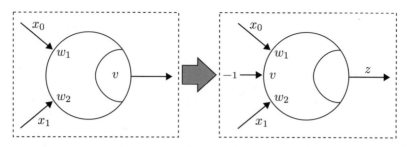

重みとしきい値を同じ計算方法で扱うために、しきい値は重みの一種であり、入力として常に−1が与えられていると考える

■図3.10　しきい値の扱い

以上の準備を利用して、出力層におけるパラメタ調整の式を次のように作成します。

$$w_i \leftarrow w_i + \alpha \times E \times h_i \tag{3.1}$$

式 (3.1) で、αは学習係数であり、h_iは中間層からの出力、そしてEは誤差です。誤差Eは次のように定義します。

$$E = o_t - o$$

ただし、o_tは正解である教師データであり、oは実際のニューロンの出力です。

さらに、伝達関数の影響を考慮すると式 (3.1) は

$$w_i \leftarrow w_i + \alpha \times E \times f'(u) \times h_i$$

となります。ここで、伝達関数としてシグモイド関数を用いると、微係数は以下のように計算できます。

$$\begin{aligned}f'(u) &= f(u) \times (1 - f(u)) \\ &= o \times (1 - o)\end{aligned}$$

上式を前式に代入すると、重みの更新式は以下のようになります。

$$w_i \leftarrow w_i + \alpha \times E \times o \times (1-o) \times h_i \tag{3.2}$$

次に、中間層のニューロンに対する学習の式を考えます。先に述べたように、中間層では出力層から重みに応じて分配された誤差値を使って学習を進めます。中間層のj番目のニューロンのi番目の入力について考えると、計算式は以下の式 (3.3) および式 (3.4) のようになります。

$$\Delta_j \leftarrow h_j \times (1-h_j) \times w_j \times E \times o \times (1-o) \tag{3.3}$$

$$w_{ji} \leftarrow w_{ji} + \alpha \times x_i \times \Delta_j \tag{3.4}$$

3.1.3 階層型ニューラルネットの学習プログラム (1) ニューロン単体の学習プログラムnn1.c

それでは、実際に階層型ニューラルネットの学習プログラムを構成してみましょう。まず、出力層ニューロンの学習を行うプログラムnn1.cを構成します。

nn1.cプログラムは、図3.8に示した手続きに従って、式 (3.2) を用いて重みやしきい値を学習するプログラムです。nn1.cプログラムでは、学習対象は出力層の1個のニューロンのみとします。言い換えると、nn1.cプログラムはニューラルネットの学習プログラムではなく、単体のニューロンの学習をシミュレートするプログラムです。

まず、プログラムの構成上必要となるデータ構造を定義しましょう。はじめに、対象とするニューロンの重みとしきい値を格納する配列wo[]を次のように定義します。

```
double wo[INPUTNO+1] ;/*出力層の重み*/
```

ここで、記号定数INPUTNOは、ニューロンの入力の数です。wo[]の要素数は、入力数すなわち重みの個数に、しきい値の個数である1を加えた値とします。これにより、重みとしきい値を一度に扱うことができます。

次に、学習に用いるデータセットを格納するための配列e[][]を用意します。

```
double e[MAXNO][INPUTNO+1] ;/*学習データセット*/
```

記号定数MAXNOは、学習データの最大個数です。各学習データには、入力データと、入力データに対応する教師データがペアになって格納されます。**図3.11**に、nn1.cプログラムの扱う学習データの構成例を示します。

図3.11の学習データセットには4組の学習データが含まれており、図では、1行に一組の学習データが示されています。ここでは、INPUTNOは2、すなわち2入力のニューロンに対する学習データを示しています。したがって、最初の学習データは、入力(0, 0)に対して、教師データが0であることを示しています。

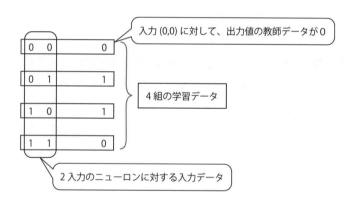

■図3.11　nn1.cプログラムの扱う学習データの構成例

図3.11の最初の学習データ、すなわち0番目の学習データを配列e[][]に読み込むと、次のように格納されます。

e[0][0]←0
e[0][1]←0
e[0][2]←0

続いて次のデータを読み込むと、次のように格納されます。

e[0][0]←0

e[0][1]←1
e[0][2]←1

以下同様に、4組の学習データが配列e[][]に格納されます。

以上nn1.cでは、主要なデータ構造として重みw[]と学習データセットe[][]を利用します。さらに、下記のようなデータをそれぞれ利用します。

```
double o ;/*出力*/
double err=BIGNUM ;/*誤差の評価*/
int n_of_e ;/*学習データの個数*/
```

ここで、変数oはニューロンの出力、変数errはニューロンの出力誤差、そしてn_of_eは学習データセットに含まれる学習データの組の数を格納します。

次に、図3.8に従って、学習の処理手順をプログラムとして実装します。図3.8の手順に先立って、重みの初期化と学習データの読み込みを行います。重みの初期化にはinitwo()関数を利用し、データ読み込みにはgetdata()関数を利用します。

```
/*重みの初期化*/
initwo(wo) ;
printweight(wo) ;

/*学習データの読み込み*/
n_of_e=getdata(e) ;
```

上記で、printweight()関数は、重みwo[]を出力するための関数です。

続いて、学習の本体部分に進みます。学習全体の繰り返しは、ニューラルネットの誤差に基づいて制御されます。誤差の値があらかじめ設定された記号定数LIMITよりも大きい間は、学習の繰り返しが実行されます。これは、次のように表現できます。

```
/*学習*/
while(err>LIMIT){

学習の本体
```

}/*学習終了*/

　学習の本体は、学習データセットに含まれる各学習データについて、ネットワークの出力を計算して、誤差を小さくするように重みとしきい値を調整します。また、学習の繰り返しを制御するために、調整した結果のネットワーク誤差も求める必要があります。これらの手続きは、以下のように記述できます。

```
err=0.0 ;
for(j=0;j<n_of_e;++j){
 /*順方向の計算*/
 o=forward(wo,e[j]) ;
 /*出力層の重みの調整*/
 olearn(wo,e[j],o) ;
 /*誤差の積算*/
 err+=(o-e[j][INPUTNO])*(o-e[j][INPUTNO]) ;
}
++count ;
/*誤差の出力*/
printf("%d\t%lf\n",count,err) ;
```

　ここで、forward()関数は、入力から出力に向けたネットワークの計算を担当する関数です。forward()関数はネットワーク出力oを返します。

　次に、olearn()関数では、出力層の重みを調節します。olearn()関数は、ネットワークの出力oと教師データとを使って誤差を計算し、誤差に基づいて重みとしきい値を調節します。

　最後に、学習データセット全体について誤差の二乗和を積算し、学習の繰り返し回数countとともに誤差の二乗和errを出力します。

　main()関数を以上のように構成すると、nn1.cプログラムの主な関数の呼び出し構造は**図3.12**のように表現することができます。

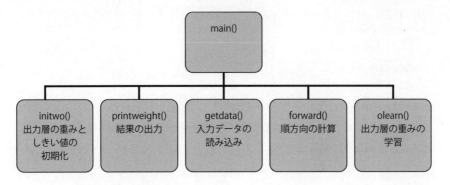

■図3.12 nn1.cプログラムの関数呼び出し構造（モジュール構造）

次に、図3.12に示した下請けの関数について説明します。まず、重みとしきい値を初期化するinitwo()関数では、乱数によって配列wo[]を次のように初期化します。drand()関数は−1から1の間の乱数を与える関数です。

```
for(i=0;i<INPUTNO+1;++i)
  wo[i]=drand() ;
```

printweight()関数は、配列wo[]の内容を次のようにして出力します。

```
for(i=0;i<INPUTNO+1;++i)
 printf("%lf ",wo[i]) ;
printf("\n") ;
```

getdata()関数は、標準入力から学習データセットを読み取り、配列e[][]に格納します。getdata()関数は、戻り値として学習データの個数を返します。

```
/*データの入力*/
while(scanf("%lf",&e[n_of_e][j])!=EOF){
 ++j ;
 if(j>INPUTNO){/*次のデータ*/
  j=0 ;
  ++n_of_e ;
  if(n_of_e>=MAXNO){/*入力数が上限に達した*/
   fprintf(stderr,"入力数が上限に達しました\n") ;
   break ;
```

```
      }
     }
   }
   return n_of_e ;
```

forward()関数は、入力と重みの値を掛けて足し合わせ、最後にしきい値の値を引きます。さらに、求めた値にシグモイド関数s()を適用して戻り値とします。この処理は次のように記述できます。

```
/*出力oの計算*/
o=0 ;
for(i=0;i<INPUTNO;++i)
 o+=e[i]*wo[i] ;
o-=wo[i] ;/*しきい値の処理*/

return s(o) ;
```

最後に、出力層の重みを学習するolearn()関数では、下記のように修正値dを計算し、それぞれの重みを調節します。また、しきい値についても定数−1の入力に対する重みとして学習を行います。

```
d=(e[INPUTNO]-o)*o*(1-o) ;/*誤差の計算*/
for(i=0;i<INPUTNO;++i){
 wo[i]+=ALPHA*e[i]*d ;/*重みの学習*/
}
wo[i]+=ALPHA*(-1.0)*d ;/*しきい値の学習*/
```

以上で、単一ニューロンのパラメタを学習するnn1.cプログラムを構成する準備が整いました。これらの準備に従って構成したnn1.cプログラムのソースコードを、**リスト3.1**に示します。

■リスト3.1　nn1.cプログラムのソースコード

```
 1:/***********************************************************/
 2:/*                     nn1.c                               */
 3:/*    出力層ニューロンの学習                                  */
 4:/*    使い方                                                */
```

```
 5:/* C:\Users\odaka\ch3>nn1< (学習データセットのファイル名)    */
 6:/*   誤差の推移や，学習結果となる結合係数などを出力します      */
 7:/************************************************************/
 8:
 9:/*Visual Studioとの互換性確保 */
10:#define _CRT_SECURE_NO_WARNINGS
11:
12:/* ヘッダファイルのインクルード*/
13:#include <stdio.h>
14:#include <stdlib.h>
15:#include <math.h>
16:
17:/*記号定数の定義*/
18:#define INPUTNO 2      /*入力数*/
19:#define ALPHA   1      /*学習係数*/
20:#define MAXNO 100      /*学習データの最大個数*/
21:#define BIGNUM 100     /*誤差の初期値*/
22:#define LIMIT 0.001    /*誤差の上限値*/
23:#define SEED 65535     /*乱数のシード*/
24://#define SEED 32767   /*乱数のシード*/
25:
26:/*関数のプロトタイプの宣言*/
27:void initwo(double wo[INPUTNO+1]) ;/*出力層の重みの初期化*/
28:int getdata(double e[][INPUTNO+1]) ; /*学習データの読み込み*/
29:double forward(double wo[INPUTNO+1],double e[INPUTNO+1]) ;
30:                                    /*順方向の計算*/
31:void olearn(double wo[INPUTNO+1],double e[INPUTNO+1],
32:                      double o) ; /*出力層の重みの学習*/
33:void printweight(double wo[INPUTNO+1]) ; /*結果の出力*/
34:double s(double u) ; /*シグモイド関数*/
35:double drand(void) ;/*-1から1の間の乱数を生成 */
36:
37:/********************/
38:/*   main()関数      */
39:/********************/
40:int main()
41:{
42: double wo[INPUTNO+1] ;/*出力層の重み*/
43: double e[MAXNO][INPUTNO+1] ;/*学習データセット*/
```

```
44:    double o ;/*出力*/
45:    double err=BIGNUM ;/*誤差の評価*/
46:    int i,j ;/*繰り返しの制御*/
47:    int n_of_e ;/*学習データの個数*/
48:    int count=0 ;/*繰り返し回数のカウンタ*/
49:
50:    /*乱数の初期化*/
51:    srand(SEED) ;
52:
53:    /*重みの初期化*/
54:    initwo(wo) ;
55:    printweight(wo) ;
56:
57:    /*学習データの読み込み*/
58:    n_of_e=getdata(e) ;
59:    printf("学習データの個数:%d\n",n_of_e) ;
60:
61:    /*学習*/
62:    while(err>LIMIT){
63:      err=0.0 ;
64:      for(j=0;j<n_of_e;++j){
65:        /*順方向の計算*/
66:        o=forward(wo,e[j]) ;
67:        /*出力層の重みの調整*/
68:        olearn(wo,e[j],o) ;
69:        /*誤差の積算*/
70:        err+=(o-e[j][INPUTNO])*(o-e[j][INPUTNO]) ;
71:      }
72:      ++count ;
73:      /*誤差の出力*/
74:      printf("%d\t%lf\n",count,err) ;
75:    }/*学習終了*/
76:
77:    /*重みの出力*/
78:    printweight(wo) ;
79:
80:    /*学習データに対する出力*/
81:    for(i=0;i<n_of_e;++i){
82:      printf("%d ",i) ;
```

```
83:    for(j=0;j<INPUTNO+1;++j)
84:      printf("%lf ",e[i][j]) ;
85:    o=forward(wo,e[i]) ;
86:    printf("%lf\n",o) ;
87:  }
88:
89:  return 0 ;
90:}
91:
92:/*********************/
93:/*    initwo()関数     */
94:/*出力層の重みの初期化   */
95:/*********************/
96:void initwo(double wo[INPUTNO+1])
97:{
98:  int i ;/*繰り返しの制御*/
99:
100: for(i=0;i<INPUTNO+1;++i)
101:    wo[i]=drand() ;
102:}
103:
104:/*********************/
105:/*  getdata()関数      */
106:/*学習データの読み込み   */
107:/*********************/
108:int getdata(double e[][INPUTNO+1])
109:{
110: int n_of_e=0 ;/*データセットの個数*/
111: int j=0 ;/*繰り返しの制御用*/
112:
113: /*データの入力*/
114: while(scanf("%lf",&e[n_of_e][j])!=EOF){
115:    ++j ;
116:    if(j>INPUTNO){/*次のデータ*/
117:      j=0 ;
118:      ++n_of_e ;
119:      if(n_of_e>=MAXNO){/*入力数が上限に達した*/
120:        fprintf(stderr,"入力数が上限に達しました\n") ;
121:        break ;
```

```
122:    }
123:   }
124: }
125: return n_of_e ;
126:}
127:
128:/*********************/
129:/*  forward()関数      */
130:/*  順方向の計算       */
131:/*********************/
132:double forward(double wo[INPUTNO+1],double e[INPUTNO+1])
133:{
134: int i ;/*繰り返しの制御*/
135: double o ;/*出力の計算*/
136:
137: /*出力oの計算*/
138: o=0 ;
139: for(i=0;i<INPUTNO;++i)
140:   o+=e[i]*wo[i] ;
141: o-=wo[i] ;/*しきい値の処理*/
142:
143: return s(o) ;
144:}
145:
146:/*********************/
147:/*  olearn()関数       */
148:/*  出力層の重み学習    */
149:/*********************/
150:void olearn(double wo[INPUTNO+1],double e[INPUTNO+1],double o)
151:{
152: int i ;/*繰り返しの制御*/
153: double d ;/*重み計算に利用*/
154:
155: d=(e[INPUTNO]-o)*o*(1-o) ;/*誤差の計算*/
156: for(i=0;i<INPUTNO;++i){
157:   wo[i]+=ALPHA*e[i]*d ;/*重みの学習*/
158: }
159: wo[i]+=ALPHA*(-1.0)*d ;/*しきい値の学習*/
160:}
```

```
161:
162:/*********************/
163:/*  printweight()関数  */
164:/*    結果の出力       */
165:/*********************/
166:void printweight(double wo[INPUTNO+1])
167:{
168: int i ;/*繰り返しの制御*/
169:
170: for(i=0;i<INPUTNO+1;++i)
171:   printf("%lf ",wo[i]) ;
172: printf("\n") ;
173:}
174:
175:/*******************/
176:/* s()関数         */
177:/* シグモイド関数   */
178:/*******************/
179:double s(double u)
180:{
181: return 1.0/(1.0+exp(-u)) ;
182:}
183:
184:/************************/
185:/* drand()関数          */
186:/*-1から1の間の乱数を生成 */
187:/************************/
188:double drand(void)
189:{
190: double rndno ;/*生成した乱数*/
191:
192: while((rndno=(double)rand()/RAND_MAX)==1.0) ;
193: rndno=rndno*2-1 ;/*-1から1の間の乱数を生成*/
194: return rndno;
195:}
```

　nn1.cプログラムの実行例を**実行例3.1**に示します。実行例3.1では、はじめにand.txtファイルに格納された学習データを用いてネットワークを学習させています。図のように、学習データセットは論理積（AND)を意味する学習データから構

成されています。nn1.cプログラムを用いて9119回の繰り返しの後、誤差が規定値以下になり、学習が終了する様子がわかります。学習終了後のニューロンを用いると、教師データ(0, 0, 0, 1)に対し、出力は(0.000006, 0.017136, 0.017142, 0.979713)となります。

■実行例3.1　nn1.cプログラムの実行例（1）　and.txtファイルの学習

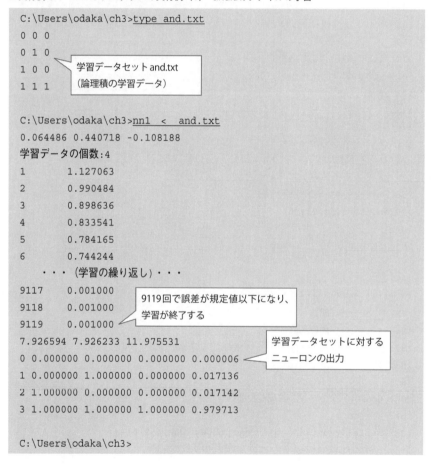

nn1.cプログラムでは学習対象は1つのニューロンです。したがって、うまく学習ができない場合もあります。**実行例3.2**では、排他的論理和の学習を試みていますが、nn1.cプログラムでは学習が収束しません。実は、単体のニューロンには排他的論理和をシミュレートする能力は原理的にありませんから、学習は決して収

束しません。

このような例では、ニューロン単体ではなく、複数のニューロンから構成されたニューラルネットが必要になります。そこで次節では、ニューラルネットの学習プログラム nn2.c を構成します。

■ 実行例 3.2　nn1.c プログラムの実行例 (2)　eor.txt ファイルの学習

```
C:\Users\odaka\ch3>type eor.txt
0 0 0
0 1 1
1 0 1
1 1 0
```
（学習データセット eor.txt （排他的論理和の学習データ））

```
C:\Users\odaka\ch3>nn1 < eor.txt
0.064486 0.440718 -0.108188
学習データの個数:4
1       1.159199
2       1.150769
3       1.145910
4       1.143218
5       1.141770
6       1.141003
7       1.140586
8       1.140334
9       1.140151
    ・・・（学習の繰り返し）・・・
9997    1.136891
9998    1.136891
9999    1.136891
10000   1.136891
10001   1.136891
10002   1.136891
10003   1.136891
    ・・・
```
（10000回繰り返しても、誤差が減少せず学習は収束しない（排他的論理和は nn1.c プログラムでは原理的に学習できない））

3.1.4 階層型ニューラルネットの学習プログラム(2) バックプロパゲーションによるネットワーク学習プログラムnn2.c

nn2.cプログラムは、中間層のニューロンの学習能力を備えたニューラルネット学習プログラムです。nn1.cと比較して、nn2.cプログラムでは以下の処理を追加する必要があります。

- 中間層の重みの初期化 (initwh()関数の追加)
- 入力から出力に向けた順方向計算における、中間層関連処理の追加 (forward()関数の変更)
- 中間層の重みの学習 (hlearn()関数の追加)
- 重み値出力における、中間層の重みの追加 (printweight()関数の呼び出し方法の変更)

nn2.cプログラムのmain()関数では、中間層に関連する処理が追加されます。まず、重みの初期化処理では、中間層の重みの初期化を担当するinitwh()関数を追加します

```
/*重みの初期化*/
initwh(wh) ;    ←nn2.cプログラムにおける追加点
initwo(wo) ;
printweight(wh,wo) ;
```

また、学習の繰り返しにおいて、出力層の重みの調整に加えて、hlearn()関数による中間層の重みの調整を実施します。

```
/*学習*/
while(err>LIMIT){
 err=0.0 ;
 for(j=0;j<n_of_e;++j){
  /*順方向の計算*/
  o=forward(wh,wo,hi,e[j]) ;
  /*出力層の重みの調整*/
  olearn(wo,hi,e[j],o) ;
  /*中間層の重みの調整*/
```

```
    hlearn(wh,wo,hi,e[j],o) ;     ←nn2.cプログラムにおける追加点
    /*誤差の積算*/
    err+=(o-e[j][INPUTNO])*(o-e[j][INPUTNO]) ;
  }
  ++count ;
  /*誤差の出力*/
  printf("%d\t%lf\n",count,err) ;
}/*学習終了*/
```

図3.13に、nn2.cプログラムにおける関数呼び出しの構造を示します。nn1.cプログラムと比較して、nn2.cプログラムでは、中間層の処理に関連するinitwh()関数やhlearn()関数が新たに追加されています。

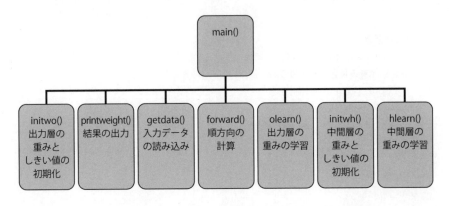

■図3.13　nn2.cプログラムの関数呼び出し構造（モジュール構造）

新しく追加された関数のうち、initwh()関数は乱数で重みとしきい値を初期化する関数です。処理の中心部分は以下の通りです。

```
/*  乱数による重みの初期化*/
 for(i=0;i<HIDDENNO;++i)
  for(j=0;j<INPUTNO+1;++j)
   wh[i][j]=drand() ;
```

ここで、記号定数HIDDENNOは、中間層のニューロンの個数を与える記号定数です。また、配列wh[][]は、中間層の重みとしきい値を格納する変数です。

中間層の学習を担当するhlearn()関数は、3.1.2節で示したアルゴリズムに従って、

以下のようにwh[][]に格納された重みとしきい値を調節します。

```
for(j=0;j<HIDDENNO;++j){/*中間層の各セルjを対象*/
 dj=hi[j]*(1-hi[j])*wo[j]*(e[INPUTNO]-o)*o*(1-o) ;
 for(i=0;i<INPUTNO;++i)/*i番目の重みを処理*/
  wh[j][i]+=ALPHA*e[i]*dj ;
 wh[j][i]+=ALPHA*(-1.0)*dj ;/*しきい値の学習*/
}
```

以上の新規関数の他、その他の関数においても必要に応じて中間層に関連する処理を追加します。たとえばforward()関数では、中間層のニューロンの計算処理を以下のように追加します。

```
/*hiの計算*/
for(i=0;i<HIDDENNO;++i){
 u=0 ;/*重み付き和を求める*/
 for(j=0;j<INPUTNO;++j)
  u+=e[j]*wh[i][j] ;
 u-=wh[i][j] ;/*しきい値の処理*/
 hi[i]=s(u) ;
}
/*出力oの計算*/
o=0 ;
for(i=0;i<HIDDENNO;++i)
 o+=hi[i]*wo[i] ;
o-=wo[i] ;/*しきい値の処理*/

return s(o) ;
```

ここで、配列hi[]は、中間層のニューロンの出力を格納するための変数です。

以上の準備に従って、バックプロパゲーションを利用して、階層型ニューラルネットを学習させるプログラムであるnn2.cを構成します。nn2.cプログラムのソースコードを**リスト3.2**に示します。

■リスト3.2　nn2.cプログラムのソースコード

```
1:/************************************************************/
2:/*                      nn2.c                               */
```

```
 3:/*  バックプロパゲーションによるニューラルネットの学習        */
 4:/*  使い方                                                    */
 5:/*  C:\Users\odaka\ch3>nn2 < (学習データセットのファイル名)    */
 6:/*  誤差の推移や，学習結果となる結合係数などを出力します       */
 7:/**************************************************************/
 8:
 9:/*Visual Studioとの互換性確保 */
10:#define _CRT_SECURE_NO_WARNINGS
11:
12:/*ヘッダファイルのインクルード*/
13:#include <stdio.h>
14:#include <stdlib.h>
15:#include <math.h>
16:
17:/*記号定数の定義*/
18:#define INPUTNO 2      /*入力層のセル数*/
19:#define HIDDENNO 2     /*中間層のセル数*/
20:#define ALPHA   1      /*学習係数*/
21:#define MAXNO  100     /*学習データの最大個数*/
22:#define BIGNUM 100     /*誤差の初期値*/
23:#define LIMIT 0.001    /*誤差の上限値*/
24:#define SEED 65535     /*乱数のシード*/
25://#define SEED 32767   /*乱数のシード*/
26:
27:/*関数のプロトタイプの宣言*/
28:void initwh(double wh[HIDDENNO][INPUTNO+1]) ;
29:                       /*中間層の重みの初期化*/
30:void initwo(double wo[HIDDENNO+1]) ;/*出力層の重みの初期化*/
31:int getdata(double e[][INPUTNO+1]) ; /*学習データの読み込み*/
32:double forward(double wh[HIDDENNO][INPUTNO+1]
33:         ,double wo[HIDDENNO+1],double hi[]
34:         ,double e[INPUTNO+1]) ; /*順方向の計算*/
35:void olearn(double wo[HIDDENNO+1],double hi[]
36:         ,double e[INPUTNO+1],double o) ; /*出力層の重みの学習*/
37:void hlearn(double wh[HIDDENNO][INPUTNO+1]
38:         ,double wo[HIDDENNO+1],double hi[]
39:         ,double e[INPUTNO+1],double o) ; /*中間層の重みの学習*/
40:void printweight(double wh[HIDDENNO][INPUTNO+1]
41:         ,double wo[HIDDENNO+1]) ; /*結果の出力*/
```

```
42:double s(double u) ; /*シグモイド関数*/
43:double drand(void) ;/*-1から1の間の乱数を生成 */
44:
45:/*******************/
46:/*    main()関数     */
47:/*******************/
48:int main()
49:{
50: double wh[HIDDENNO][INPUTNO+1] ;/*中間層の重み*/
51: double wo[HIDDENNO+1] ;/*出力層の重み*/
52: double e[MAXNO][INPUTNO+1] ;/*学習データセット*/
53: double hi[HIDDENNO+1] ;/*中間層の出力*/
54: double o ;/*出力*/
55: double err=BIGNUM ;/*誤差の評価*/
56: int i,j ;/*繰り返しの制御*/
57: int n_of_e ;/*学習データの個数*/
58: int count=0 ;/*繰り返し回数のカウンタ*/
59:
60: /*乱数の初期化*/
61: srand(SEED) ;
62:
63: /*重みの初期化*/
64: initwh(wh) ;
65: initwo(wo) ;
66: printweight(wh,wo) ;
67:
68: /*学習データの読み込み*/
69: n_of_e=getdata(e) ;
70: printf("学習データの個数:%d\n",n_of_e) ;
71:
72: /*学習*/
73: while(err>LIMIT){
74:   err=0.0 ;
75:   for(j=0;j<n_of_e;++j){
76:     /*順方向の計算*/
77:     o=forward(wh,wo,hi,e[j]) ;
78:     /*出力層の重みの調整*/
79:     olearn(wo,hi,e[j],o) ;
80:     /*中間層の重みの調整*/
```

```
 81:    hlearn(wh,wo,hi,e[j],o) ;
 82:    /*誤差の積算*/
 83:    err+=(o-e[j][INPUTNO])*(o-e[j][INPUTNO]) ;
 84:   }
 85:   ++count ;
 86:   /*誤差の出力*/
 87:   printf("%d\t%lf\n",count,err) ;
 88: }/*学習終了*/
 89:
 90: /*重みの出力*/
 91: printweight(wh,wo) ;
 92:
 93: /*学習データに対する出力*/
 94: for(i=0;i<n_of_e;++i){
 95:   printf("%d ",i) ;
 96:   for(j=0;j<INPUTNO+1;++j)
 97:     printf("%lf ",e[i][j]) ;
 98:   o=forward(wh,wo,hi,e[i]) ;
 99:   printf("%lf\n",o) ;
100: }
101:
102: return 0 ;
103:}
104:
105:/**********************/
106:/*    initwh()関数     */
107:/*中間層の重みの初期化  */
108:/**********************/
109:void initwh(double wh[HIDDENNO][INPUTNO+1])
110:{
111: int i,j ;/*繰り返しの制御*/
112:
113:/*  乱数による重みの初期化*/
114: for(i=0;i<HIDDENNO;++i)
115:   for(j=0;j<INPUTNO+1;++j)
116:     wh[i][j]=drand() ;
117:}
118:
119:/**********************/
```

```
120:/*      initwo()関数       */
121:/*出力層の重みの初期化      */
122:/*********************/
123:void initwo(double wo[HIDDENNO+1])
124:{
125: int i ;/*繰り返しの制御*/
126:
127: for(i=0;i<HIDDENNO+1;++i)
128:   wo[i]=drand() ;
129:}
130:
131:/*********************/
132:/*   getdata()関数     */
133:/*学習データの読み込み    */
134:/*********************/
135:int getdata(double e[][INPUTNO+1])
136:{
137: int n_of_e=0 ;/*データセットの個数*/
138: int j=0 ;/*繰り返しの制御用*/
139:
140: /*データの入力*/
141: while(scanf("%lf",&e[n_of_e][j])!=EOF){
142:   ++j ;
143:   if(j>INPUTNO){/*次のデータ*/
144:     j=0 ;
145:     ++n_of_e ;
146:     if(n_of_e>=MAXNO){/*入力数が上限に達した*/
147:       fprintf(stderr,"入力数が上限に達しました\n") ;
148:       break ;
149:     }
150:   }
151: }
152: return n_of_e ;
153:}
154:
155:/*********************/
156:/*   forward()関数     */
157:/*   順方向の計算       */
158:/*********************/
159:double forward(double wh[HIDDENNO][INPUTNO+1]
```

```
160:       ,double wo[HIDDENNO+1],double hi[],double e[INPUTNO+1])
161:{
162:  int i,j ;/*繰り返しの制御*/
163:  double u ;/*重み付き和の計算*/
164:  double o ;/*出力の計算*/
165:
166:  /*hiの計算*/
167:  for(i=0;i<HIDDENNO;++i){
168:    u=0 ;/*重み付き和を求める*/
169:    for(j=0;j<INPUTNO;++j)
170:      u+=e[j]*wh[i][j] ;
171:    u-=wh[i][j] ;/*しきい値の処理*/
172:    hi[i]=s(u) ;
173:  }
174:  /*出力oの計算*/
175:  o=0 ;
176:  for(i=0;i<HIDDENNO;++i)
177:    o+=hi[i]*wo[i] ;
178:  o-=wo[i] ;/*しきい値の処理*/
179:
180:  return s(o) ;
181:}
182:
183:/*********************/
184:/*   olearn()関数      */
185:/*   出力層の重み学習   */
186:/*********************/
187:void olearn(double wo[HIDDENNO+1]
188:       ,double hi[],double e[INPUTNO+1],double o)
189:{
190:  int i ;/*繰り返しの制御*/
191:  double d ;/*重み計算に利用*/
192:
193:  d=(e[INPUTNO]-o)*o*(1-o) ;/*誤差の計算*/
194:  for(i=0;i<HIDDENNO;++i){
195:    wo[i]+=ALPHA*hi[i]*d ;/*重みの学習*/
196:  }
197:  wo[i]+=ALPHA*(-1.0)*d ;/*しきい値の学習*/
198:}
199:
```

```
200:/*********************/
201:/*   hlearn()関数      */
202:/*   中間層の重み学習   */
203:/*********************/
204:void hlearn(double wh[HIDDENNO][INPUTNO+1],double wo[HIDDENNO+1]
205:                     ,double hi[],double e[INPUTNO+1],double o)
206:{
207: int i,j ;/*繰り返しの制御*/
208: double dj ;/*中間層の重み計算に利用*/
209:
210: for(j=0;j<HIDDENNO;++j){/*中間層の各セルjを対象*/
211:   dj=hi[j]*(1-hi[j])*wo[j]*(e[INPUTNO]-o)*o*(1-o) ;
212:   for(i=0;i<INPUTNO;++i)/*i番目の重みを処理*/
213:     wh[j][i]+=ALPHA*e[i]*dj ;
214:   wh[j][i]+=ALPHA*(-1.0)*dj ;/*しきい値の学習*/
215: }
216:}
217:
218:/*********************/
219:/*   printweight()関数 */
220:/*    結果の出力       */
221:/*********************/
222:void printweight(double wh[HIDDENNO][INPUTNO+1]
223:                        ,double wo[HIDDENNO+1])
224:{
225: int i,j ;/*繰り返しの制御*/
226:
227: for(i=0;i<HIDDENNO;++i)
228:   for(j=0;j<INPUTNO+1;++j)
229:     printf("%lf ",wh[i][j]) ;
230: printf("\n") ;
231: for(i=0;i<HIDDENNO+1;++i)
232:   printf("%lf ",wo[i]) ;
233: printf("\n") ;
234:}
235:
236:/*******************/
237:/* s()関�数         */
238:/* シグモイド関数   */
239:/*******************/
```

```
240:double s(double u)
241:{
242: return 1.0/(1.0+exp(-u)) ;
243:}
244:
245:/*************************/
246:/* drand()関数            */
247:/*-1から1の間の乱数を生成   */
248:/*************************/
249:double drand(void)
250:{
251: double rndno ;/*生成した乱数*/
252:
253: while((rndno=(double)rand()/RAND_MAX)==1.0) ;
254: rndno=rndno*2-1 ;/*-1から1の間の乱数を生成*/
255: return rndno;
256:}
```

nn2.cプログラムの実行例を**実行例3.3**に示します。実行例3.3では、nn1.cプログラムでは学習のできなかったeor.txtデータについての学習例を示しています。

■実行例3.3　nn2.cプログラムの実行例　eor.txtファイルの学習

```
C:\Users\odaka\ch3>nn2  <  eor.txt        排他的論理和の学習データ eor.txt
0.064486 0.440718 -0.108188 0.934996 -0.791437 0.399884
-0.875362 0.049715 0.991211
学習データの個数:4
1       1.398376
2       1.306406
3       1.229319
4       1.174481
5       1.140462
6       1.121241
7       1.110940
8       1.105547
        ・・・（学習の繰り返し）・・・
5703    0.001001
5704    0.001001
5705    0.001001
5706    0.001001
```

```
5707      0.001000
5708      0.001000
5709      0.001000
6.041585 -5.823073 -2.913881 6.314109 -6.413434 3.419263
-9.392638 9.615447 -4.476594
0 0.000000 0.000000 0.000000 0.015863
1 0.000000 1.000000 1.000000 0.981863
2 1.000000 0.000000 1.000000 0.985178
3 1.000000 1.000000 0.000000 0.014109

C:\Users\odaka\ch3>
```

（吹き出し：nn1.cプログラムでは学習のできなかった、eor.txtデータについての学習が収束している）

なお、実行例3.3に示した実行例は、Windows 10上でMinGW環境のgccコンパイラでプログラムをコンパイル・実行した場合の例です。実行環境によっては、学習の過程が異なる場合があり、極端な場合には学習が収束しない可能性もあります。これは、ニューラルネットが確率的な性質を備えているためであり、乱数の実装方法によって学習の過程が大きくことなってしまう可能性があるからです。

第2章で述べたように、C言語の標準ライブラリに含まれるrand()関数は、乱数としての性質があまりよくありません。また、乱数を生成するアルゴリズムは実装に依存するため、同じソースコードを用いても環境ごとに結果が異なる可能性があります。このため、実行環境によっては、同じプログラムを同じ学習データセットに適用しても、学習がうまくいったりいかなかったりする可能性があります。

学習がうまくいかない場合には、学習に関連するパラメタを調整する必要があります。**表3.3**に、学習に関連する主なパラメタを示します。学習がうまく進まない場合には、これらのパラメタを加減してみてください。

■表3.3　学習に関連する主なパラメタ

項目	対応する記号定数	説明
乱数のシード	SEED	疑似乱数生成の際に、srand()関数によって初期状態を設定するための定数。値を変更すると、生成される乱数系列が変化する。
学習係数	ALPHA	学習の速度を決める学習係数。大きい方が学習が早く進むが、大きすぎると学習が収束しなくなる。
誤差の上限値	LIMIT	学習終了を決定するための、誤差の上限値。小さい値を設定すると、ネットワーク出力の誤差は小さくなるが、学習が収束しづらくなる。

3.1.5 階層型ニューラルネットの学習プログラム（3） 複数出力を有するネットワークの学習プログラムnn3.c

　ここまで扱ってきた階層型ニューラルネットでは、出力層のニューロンが一つのみでした。一般のニューラルネットでは、出力層に複数のニューロンを配置することが可能です。そこでここでは、複数の出力を扱うことのできるnn3.cプログラムを構成してみます。

　nn2.cプログラムとnn3.cプログラムの違いは、出力層のニューロンが一つか複数かという点です。**図3.14**に、nn3.cプログラムの扱う階層型ニューラルネットの例を示します。

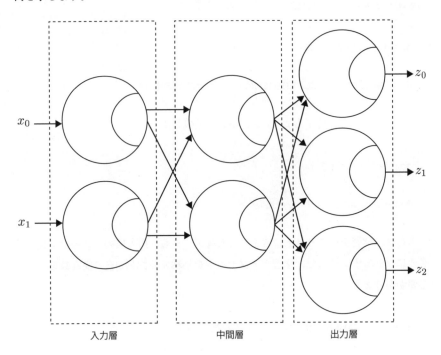

■図3.14　複数の出力を有する階層型ニューラルネットの例

　図3.14のネットワークでは、2つの入力x_0とx_1を受け取り、3つの出力z_0、z_1およびz_2を出力します。このネットワークを学習するには、出力層のニューロンの重みの学習を一つずつ行う必要があります。この点を除けば、複数出力の階層型ニューラルネットの学習は、出力が一つの階層型ニューラルネットの学習とほぼ同

第3章 深層学習の技術

様に行うことができます。

nn3.cプログラムを構成するためには、nn2.cプログラムで扱ったデータ構造に追加と変更を加える必要があります。まず、出力層のニューロンを複数化するために、出力層のニューロン数を定義した記号定数OUTPUTNOが新たに必要になります。そこで、以下のような定義を追加します。

```
#define OUTPUTNO 4   /*出力層のセル数*/
```

次に、出力層のニューロンを複数に増やすために、出力層の重みを保持する配列wo[]を2次元配列に拡張する必要があります。

```
double wo[HIDDENNO+1] ;/*出力層の重み*/
                ↓
double wo[OUTPUTNO][HIDDENNO+1] ;/*出力層の重み*/
```

同時に、出力を保持する変数oを、複数に拡張します。

```
double o ;/*出力*/
        ↓
double o[OUTPUTNO]   ;/*出力*/
```

さらに、学習データセットに含まれる教師データも、出力層のニューロン数だけ必要になります。そこで、学習データセットを格納する配列e[][]の要素数を増やす必要があります。

```
double e[MAXNO][INPUTNO+1] ;/*学習データセット*/
                ↓
double e[MAXNO][INPUTNO+OUTPUTNO] ;/*学習データセット*/
```

次に、処理手続きの変更箇所を考えます。基本的には、nn2.cプログラムからnn3.cプログラムの拡張においては、出力層のニューロンに対する処理が繰り返し処理に変更されるだけで、新たに関数を追加するなどの拡張は必要ありません。変更される関数は、以下の通りです。

```
void initwo(double wo[HIDDENNO+1]) ;/*出力層の重みの初期化*/
             ↓
void initwo(double wo[OUTPUTNO][HIDDENNO+1]) ;  /*出力層の重みの初期
化*/

int getdata(double e[][INPUTNO+1]) ; /*学習データの読み込み*/
             ↓
int getdata(double e[][INPUTNO+OUTPUTNO]) ; /*学習データの読み込み*/

double forward(double wh[HIDDENNO][INPUTNO+1]
        ,double wo[HIDDENNO+1],double hi[]
        ,double e[INPUTNO+1]) ; /*順方向の計算*/
             ↓
double forward(double wh[HIDDENNO][INPUTNO+1]
        ,double [HIDDENNO+1],double hi[]
        ,double e[INPUTNO+OUTPUTNO]) ; /*順方向の計算*/

void olearn(double wo[HIDDENNO+1],double hi[]
        ,double e[INPUTNO+1],double o) ; /*出力層の重みの学習*/
             ↓
void olearn(double wo[HIDDENNO+1],double hi[]
        ,double e[INPUTNO+OUTPUTNO],double o,int k) ;
                            /*出力層の重みの学習*/

void printweight(double wh[HIDDENNO][INPUTNO+1]
        ,double wo[HIDDENNO+1]) ; /*結果の出力*/
             ↓
void printweight(double wh[HIDDENNO][INPUTNO+1]
        ,double wo[OUTPUTNO][HIDDENNO+1]) ; /*結果の出力*/
```

以上により構成したnn3.cプログラムを、**リスト3.3**に示します。

■リスト3.3 nn3.c プログラムのソースコード

```
1:/***********************************************************/
2:/*                     nn3.c                              */
3:/*   バックプロパゲーションによるニューラルネットの学習            */
4:/*   出力層が複数のニューロンで構成される場合の例               */
5:/*   使い方                                                */
```

```
 6:/*    C:\Users\odaka\ch3>nn3 <  (学習データセットのファイル名)     */
 7:/*    誤差の推移や，学習結果となる結合係数などを出力します         */
 8:/****************************************************************/
 9:
10:/*Visual Studioとの互換性確保 */
11:#define _CRT_SECURE_NO_WARNINGS
12:
13:/* ヘッダファイルのインクルード*/
14:#include <stdio.h>
15:#include <stdlib.h>
16:#include <math.h>
17:
18:/*記号定数の定義*/
19:#define INPUTNO 2    /*入力層のセル数*/
20:#define HIDDENNO 2   /*中間層のセル数*/
21:#define OUTPUTNO 3   /*出力層のセル数*/
22:#define ALPHA   1    /*学習係数*/
23:#define MAXNO 100    /*学習データの最大個数*/
24:#define BIGNUM 100   /*誤差の初期値*/
25:#define LIMIT 0.001  /*誤差の上限値*/
26://#define SEED 65535   /*乱数のシード*/
27:#define SEED 32767   /*乱数のシード*/
28:
29:/*関数のプロトタイプの宣言*/
30:void initwh(double wh[HIDDENNO][INPUTNO+1]) ;
31:                        /*中間層の重みの初期化*/
32:void initwo(double wo[OUTPUTNO][HIDDENNO+1]) ;
33:                        /*出力層の重みの初期化*/
34:int getdata(double e[][INPUTNO+OUTPUTNO]) ; /*学習データの読み込み*/
35:double forward(double wh[HIDDENNO][INPUTNO+1]
36:        ,double [HIDDENNO+1],double hi[]
37:        ,double e[INPUTNO+OUTPUTNO]) ; /*順方向の計算*/
38:void olearn(double wo[HIDDENNO+1],double hi[]
39:        ,double e[INPUTNO+OUTPUTNO],double o,int k) ;
40:                            /*出力層の重みの学習*/
41:void hlearn(double wh[HIDDENNO][INPUTNO+1]
42:        ,double wo[HIDDENNO+1],double hi[]
43:        ,double e[INPUTNO+OUTPUTNO],double o,int k) ;
44:                            /*中間層の重みの学習*/
45:void printweight(double wh[HIDDENNO][INPUTNO+1]
```

```
46:            ,double wo[OUTPUTNO][HIDDENNO+1]) ; /*結果の出力*/
47:double s(double u) ; /*シグモイド関数*/
48:double drand(void) ;/*-1から1の間の乱数を生成 */
49:
50:/*******************/
51:/*    main()関数    */
52:/*******************/
53:int main()
54:{
55: double wh[HIDDENNO][INPUTNO+1] ;/*中間層の重み*/
56: double wo[OUTPUTNO][HIDDENNO+1] ;/*出力層の重み*/
57: double e[MAXNO][INPUTNO+OUTPUTNO] ;/*学習データセット*/
58: double hi[HIDDENNO+1] ;/*中間層の出力*/
59: double o[OUTPUTNO]   ;/*出力*/
60: double err=BIGNUM ;/*誤差の評価*/
61: int i,j ;/*繰り返しの制御*/
62: int n_of_e ;/*学習データの個数*/
63: int count=0 ;/*繰り返し回数のカウンタ*/
64:
65: /*乱数の初期化*/
66: srand(SEED) ;
67:
68: /*重みの初期化*/
69: initwh(wh) ;
70: initwo(wo) ;
71: printweight(wh,wo) ;
72:
73: /*学習データの読み込み*/
74: n_of_e=getdata(e) ;
75: printf("学習データの個数:%d\n",n_of_e) ;
76:
77: /*学習*/
78: while(err>LIMIT){
79:   /*i個の出力層に対応*/
80:   for(i=0;i<OUTPUTNO;++i){
81:    err=0.0 ;
82:    for(j=0;j<n_of_e;++j){
83:     /*順方向の計算*/
84:     o[i]=forward(wh,wo[i],hi,e[j]) ;
85:     /*出力層の重みの調整*/
```

```
 86:     olearn(wo[i],hi,e[j],o[i],i) ;
 87:     /*中間層の重みの調整*/
 88:     hlearn(wh,wo[i],hi,e[j],o[i],i) ;
 89:     /*誤差の積算*/
 90:     err+=(o[i]-e[j][INPUTNO+i])*(o[i]-e[j][INPUTNO+i]) ;
 91:    }
 92:    ++count ;
 93:    /*誤差の出力*/
 94:    printf("%d\t%lf\n",count,err) ;
 95:   }
 96:  }/*学習終了*/
 97:
 98:  /*重みの出力*/
 99:  printweight(wh,wo) ;
100:
101: /*学習データに対する出力*/
102: for(i=0;i<n_of_e;++i){
103:   printf("%d\n",i) ;
104:   for(j=0;j<INPUTNO;++j)
105:     printf("%lf ",e[i][j]) ;/*学習データ*/
106:   printf("\n") ;
107:   for(j=INPUTNO;j<INPUTNO+OUTPUTNO;++j)/*教師データ*/
108:     printf("%lf ",e[i][j]) ;
109:   printf("\n") ;
110:   for(j=0;j<OUTPUTNO;++j)/*ネットワーク出力*/
111:     printf("%lf ",forward(wh,wo[j],hi,e[i])) ;
112:   printf("\n") ;
113: }
114:
115: return 0 ;
116:}
117:
118:/*********************/
119:/*    initwh()関数     */
120:/*中間層の重みの初期化    */
121:/*********************/
122:void initwh(double wh[HIDDENNO][INPUTNO+1])
123:{
124: int i,j ;/*繰り返しの制御*/
125:
```

```
126:/*　乱数による重みの初期化*/
127: for(i=0;i<HIDDENNO;++i)
128:   for(j=0;j<INPUTNO+1;++j)
129:     wh[i][j]=drand() ;
130:}
131:
132:/***********************/
133:/*    initwo()関数      */
134:/*出力層の重みの初期化   */
135:/***********************/
136:void initwo(double wo[OUTPUTNO][HIDDENNO+1])
137:{
138: int i,j ;/*繰り返しの制御*/
139:
140:/*　乱数による重みの初期化*/
141: for(i=0;i<OUTPUTNO;++i)
142:   for(j=0;j<HIDDENNO+1;++j)
143:     wo[i][j]=drand() ;
144:}
145:
146:/***********************/
147:/*   getdata()関数      */
148:/*学習データの読み込み   */
149:/***********************/
150:int getdata(double e[][INPUTNO+OUTPUTNO])
151:{
152: int n_of_e=0 ;/*データセットの個数*/
153: int j=0 ;/*繰り返しの制御用*/
154:
155: /*データの入力*/
156: while(scanf("%lf",&e[n_of_e][j])!=EOF){
157:   ++j ;
158:   if(j>=INPUTNO+OUTPUTNO){/*次のデータ*/
159:     j=0 ;
160:     ++n_of_e ;
161:     if(n_of_e>=MAXNO){/*入力数が上限に達した*/
162:       fprintf(stderr,"入力数が上限に達しました\n") ;
163:       break ;
164:     }
165:   }
```

```
166: }
167: return n_of_e ;
168:}
169:
170:/*********************/
171:/*   forward()関数      */
172:/*   順方向の計算       */
173:/*********************/
174:double forward(double wh[HIDDENNO] [INPUTNO+1]
175:  ,double wo[HIDDENNO+1],double hi[],double e[])
176:{
177: int i,j ;/*繰り返しの制御*/
178: double u ;/*重み付き和の計算*/
179: double o ;/*出力の計算*/
180:
181: /*hiの計算*/
182: for(i=0;i<HIDDENNO;++i){
183:   u=0 ;/*重み付き和を求める*/
184:   for(j=0;j<INPUTNO;++j)
185:    u+=e[j]*wh[i][j] ;
186:   u-=wh[i][j] ;/*しきい値の処理*/
187:   hi[i]=s(u) ;
188: }
189: /*出力oの計算*/
190: o=0 ;
191: for(i=0;i<HIDDENNO;++i)
192:  o+=hi[i]*wo[i] ;
193: o-=wo[i] ;/*しきい値の処理*/
194:
195: return s(o) ;
196:}
197:
198:/*********************/
199:/*   olearn()関数       */
200:/*   出力層の重み学習   */
201:/*********************/
202:void olearn(double wo[HIDDENNO+1]
203:    ,double hi[],double e[],double o,int k)
204:{
```

```
205: int i ;/*繰り返しの制御*/
206: double d ;/*重み計算に利用*/
207:
208: d=(e[INPUTNO+k]-o)*o*(1-o) ;/*誤差の計算*/
209: for(i=0;i<HIDDENNO;++i){
210:   wo[i]+=ALPHA*hi[i]*d ;/*重みの学習*/
211: }
212: wo[i]+=ALPHA*(-1.0)*d ;/*しきい値の学習*/
213:}
214:
215:/*********************/
216:/*   hlearn()関数       */
217:/*   中間層の重み学習    */
218:/*********************/
219:void hlearn(double wh[HIDDENNO][INPUTNO+1],double wo[HIDDENNO+1]
220:                  ,double hi[],double e[],double o,int k)
221:{
222: int i,j ;/*繰り返しの制御*/
223: double dj ;/*中間層の重み計算に利用*/
224:
225: for(j=0;j<HIDDENNO;++j){/*中間層の各セルjを対象*/
226:   dj=hi[j]*(1-hi[j])*wo[j]*(e[INPUTNO+k]-o)*o*(1-o) ;
227:   for(i=0;i<INPUTNO;++i)/*i番目の重みを処理*/
228:     wh[j][i]+=ALPHA*e[i]*dj ;
229:   wh[j][i]+=ALPHA*(-1.0)*dj ;/*しきい値の学習*/
230: }
231:}
232:
233:/*********************/
234:/*   printweight()関数  */
235:/*     結果の出力       */
236:/*********************/
237:void printweight(double wh[HIDDENNO][INPUTNO+1]
238:                   ,double wo[OUTPUTNO][HIDDENNO+1])
239:{
240: int i,j ;/*繰り返しの制御*/
241:
242: for(i=0;i<HIDDENNO;++i)
243:   for(j=0;j<INPUTNO+1;++j)
```

```
244:    printf("%lf ",wh[i][j]) ;
245: printf("\n") ;
246: for(i=0;i<OUTPUTNO;++i){
247:   for(j=0;j<HIDDENNO+1;++j)
248:    printf("%lf ",wo[i][j]) ;
249: }
250: printf("\n") ;
251:}
252:
253:/*******************/
254:/* s()関数          */
255:/* シグモイド関数   */
256:/*******************/
257:double s(double u)
258:{
259: return 1.0/(1.0+exp(-u)) ;
260:}
261:
262:/************************/
263:/* drand()関数           */
264:/*-1から1の間の乱数を生成 */
265:/************************/
266:double drand(void)
267:{
268: double rndno ;/*生成した乱数*/
269:
270: while((rndno=(double)rand()/RAND_MAX)==1.0) ;
271: rndno=rndno*2-1 ;/*-1から1の間の乱数を生成*/
272: return rndno;
273:}
```

nn3.cプログラムの実行例を**実行例3.4**に示します。

■ 実行例 3.4　nn3.c プログラムの実行例

```
C:\Users\odaka\ch3>type nn3data1.txt
0 0 0 0 0
0 1 0 1 1
1 0 0 1 1
1 1 1 1 0
```

2入力3出力の論理演算（論理積、論理和および排他的論理和）

```
C:\Users\odaka\ch3>nn3 < nn3data1.txt
-0.466720 -0.372112 -0.451155 0.307535 0.059786 0.940184
0.222633 0.599475 -0.189367 -0.891781 -0.446028 0.805780 -0.530137
0.659413 -0.776177
学習データの個数:4
1       1.253527
2       1.829688
3       1.173873
    ・・・（学習の繰り返し）・・・
16379   0.000533
16380   0.001000
16381   0.000548
16382   0.000533
16383   0.001000    ← 16383回の繰り返しにより学習が収束している
-6.701768 -6.709485 -2.981168 5.655598 5.655622 8.549975
-5.190002 9.476241 4.727411 -9.019273 3.789144 -4.375931 -9.470118
-9.534040 -4.808095
0
0.000000 0.000000
0.000000 0.000000 0.000000
0.000063 0.014671 0.014678    ← 入力(0,0)に対する出力
1
0.000000 1.000000
0.000000 1.000000 1.000000
0.012713 0.987419 0.983470    ← 入力(0,1)に対する出力
2
1.000000 0.000000
0.000000 1.000000 1.000000
0.012701 0.987399 0.983443    ← 入力(1,0)に対する出力
3
1.000000 1.000000
1.000000 1.000000 0.000000
0.985010 0.999644 0.015377    ← 入力(1,1)に対する出力

C:\Users\odaka\ch3>
```

　実行例3.4では、nn3data1.txtというファイルに格納された2入力3出力の学習データセットを学習しています。格納されている学習データセットは、**図3.15**に示すような3種類の論理演算の出力を、出力側のそれぞれのニューロンに割り当て

る内容となっています。実行例3.4の実行例では、これら3つの論理演算を一度に行うネットワーク出力が獲得されています。

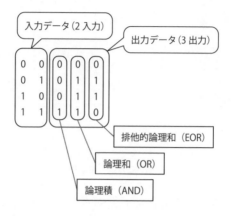

■図 3.15　学習データセット nn3data1.txt の内容

3.2 畳み込みニューラルネットによる学習

　本節では、深層学習で用いられる畳み込みニューラルネットをプログラムとして実装します。プログラムの実装にあたっては、前節で作成した階層型ニューラルネットのプログラムを拡張する形式で実装を進めます。

3.2.1　畳み込みニューラルネットのアルゴリズム

　すでに第1章で述べたように、畳み込みニューラルネットは、画像の特定の特徴を抽出する畳み込み層と呼ばれる階層と、画像をぼかして全体的特徴を抽出するためのプーリング層という階層が一組となり、これらが多数組み合わされて構成されます。

　畳み込みニューラルネットの構造の例を**図3.16**に示します。図にあるように、畳み込みニューラルネットは、多数の畳み込み層とプーリング層、それに全結合型のニューラルネットから構成されます。

3.2 畳み込みニューラルネットによる学習

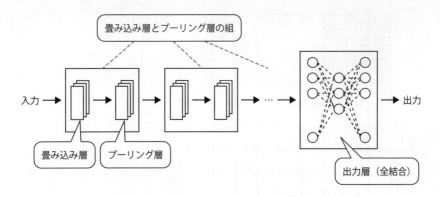

■図3.16　畳み込みニューラルネットの構造（例）

　図3.16で、畳み込み層では、画像の特徴を抽出するための局所的なフィルタを、入力画像の全域にわたって適用します。ここで局所的なフィルタとは、入力画像の一部分の画素を取り出し、各画素についてある係数を掛けた上で結果を足し合わせる計算を行う仕組みです。

　たとえば、**図3.17**では、入力画像の一部である3×3画素からなる領域に対して、同じく3×3からなるフィルタを適用しています。図のフィルタは、係数1が縦に並んでおり、それ以外の部分では係数が0となっています。このフィルタを入力画像の一部に適用すると、その領域に含まれる縦方向の成分だけを取り出した上で、それらの合計値を出力します。結果として、この領域に縦方向の成分がどの程度含まれているかを表す数値が求まることになります。

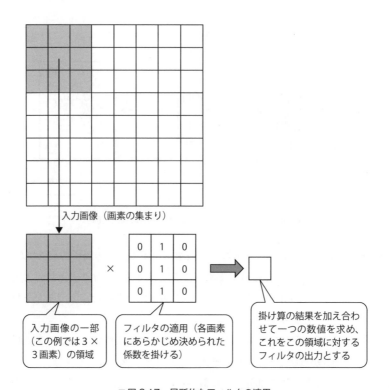

■図 3.17　局所的なフィルタの適用

　図3.17は縦方向の成分を抽出するフィルタの例ですが、フィルタの係数を適切に設定することで、入力画像に含まれるさまざまな特徴を抽出することができます。畳み込みニューラルネットでは、こうしたフィルタを複数個用意し、入力画像に対して並列的に適用することで、入力画像に含まれるさまざまな特徴を抽出します。

　図3.17では入力画像の一部にのみフィルタを適用しましたが、畳み込み層全体の処理としては、入力画像全体にフィルタを適用します。この際、フィルタは入力画像のサイズよりも小さいので、フィルタを適用する領域を1ピクセルずつずらしながら画像全体にわたってフィルタの出力を求めます。このように同一のフィルタを入力画像全体に適用していく操作を畳み込みと呼びます。

　図3.18に畳み込みの処理の例を示します。図3.18では、8×8ピクセルからなる入力画像に対して、3×3のフィルタを適用しています。フィルタを1回適用すると1つの数値が出力されます。図3.18の例では、フィルタを画像の左上から右下に向けて順にずらしながら適用すると、縦横6回ずつ合計36回フィルタを適用すること

ができます。この結果、畳み込みの処理結果として6×6ピクセルの画像が得られることになります。このように、ある入力画像に畳み込み処理を施すと、フィルタサイズに応じて入力画像よりも小さくなった特徴画像が出力されます。

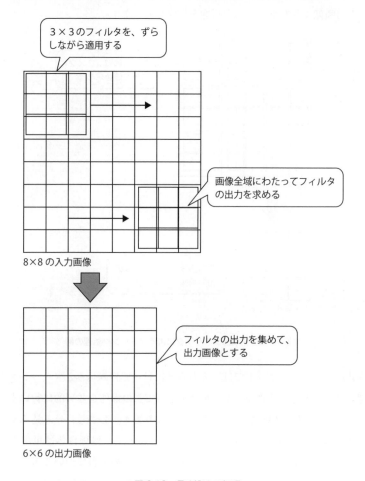

■図3.18 畳み込みの処理

　畳み込みニューラルネットでは、入力画像に対して、畳み込み処理に続いてプーリング処理が施されます。プーリング処理では、入力画像を圧縮し、特徴を保持したままより小さなサイズの画像へ変換して出力します。この変換処理は、畳み込みとよく似たアルゴリズムで行われます。つまり、局所領域に着目しその領域を代表する数値を抽出する操作を、入力画像全域にわたって繰り返すのです。

プーリングにはさまざまな方法がありますが、**図3.19**に平均値プーリングによるプーリング処理の例を示します。図では、入力された画像の局所領域（2×2）を取り出し、平均値を代表値として出力しています。この操作を画像全体に施すことで、入力画像よりも小さな出力画像を作成しています。

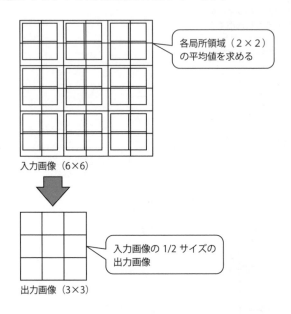

■図3.19　平均値プーリングによるプーリング処理の例

　畳み込みニューラルネットでは、入力画像に対して畳み込みとプーリングを繰り返し適用するとともに、異なるフィルタを用いてこの操作を並列的に行います。その結果、ネットワークの規模は膨大なものとなります。しかし、畳み込みやプーリングの処理は、同じ操作を繰り返しているだけなので、処理自体は単純です。また畳み込み処理におけるフィルタのニューラルネットの学習について考えると、全結合型の階層型ニューラルネットと比較してパラメタ数が非常に少ないので、学習のコストを抑えることが可能です。

3.2.2　畳み込みニューラルネットの実装

　それでは、畳み込みニューラルネットをプログラムとして実装しましょう。ここでは、全結合型の階層型ニューラルネット nn3.c に畳み込みとプーリングの機能を

追加することで、畳み込みニューラルネットnn4.cを構成します。

図3.20に、nn4.cプログラムが対象とする畳み込みニューラルネットの構造を示します。図にあるように、nn4.cプログラムでは、畳み込みとプーリングを1回だけ施す形式のネットワークであり、畳み込みニューラルネットとしては最低限の構成となっています。学習についても、畳み込みフィルタのパラメタは固定値とし、全結合層のみ学習を行います。

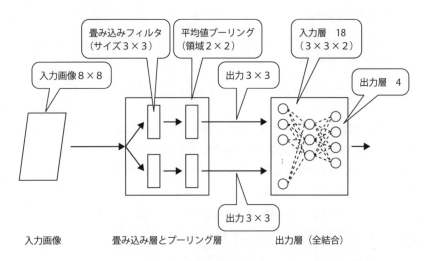

■図3.20 nn4.cプログラムが対象とする畳み込みニューラルネットの構造

nn3.cプログラムからの拡張として、畳み込み演算とプーリング処理について考えます。まず畳み込み演算は、入力画像の全域にわたって畳み込みフィルタを適用し、適用結果をフィルタの出力とします。畳み込み演算の結果、出力データは入力データよりも一回り小さくなります。

畳み込み演算の具体的な処理方法を考えます。畳み込みのフィルタは、入力データ全体に対して適用するので、以下のような繰り返し処理によって実現します。

```
int i=0,j=0 ;/*繰り返しの制御用*/
int startpoint=F_SIZE/2 ;/*畳み込み範囲の下限*/

for(i=startpoint;i<IMAGESIZE-startpoint;++i)
 for(j=startpoint;j<IMAGESIZE-startpoint;++j)
  convout[i][j]=calcconv(filter,e,i,j) ;
```

ここで、記号定数IMAGESIZEは入力データ画像の1辺の大きさであり、記号定数F_SIZEはフィルタの1辺の大きさを与えます。したがって上記の繰り返し処理は、入力画像からフィルタがはみ出さないようにしつつ、フィルタと入力画像を重ね合わせていることになります。

　calcconv()関数は、局所的な畳み込み演算を担当する関数です。つまり、入力画像の画素(i, j)を中心として、畳み込みフィルタを適用して出力を戻します。calcconv()関数の処理は、次のように記述できます。

```
for(m=0;m<F_SIZE;++m)
 for(n=0;n<F_SIZE;++n)
  sum+=e[i-F_SIZE/2+m][j-F_SIZE/2+n]*filter[m][n];
```

　ここで、変数sumは畳み込み演算の結果を積算するための変数であり、sumの値の最終結果がcalcconv()関数の戻り値となります。

　次に、プーリング処理を実装します。ここで考える平均値プーリングでは、入力データの適当な大きさの領域を抽出し、その領域の平均値を求めて出力します。nn4.cプログラムでは、プーリングの領域は2×2の4点とします。この操作を、次のような繰り返し処理として実装します。

```
for(i=0;i<POOLOUTSIZE;++i)
 for(j=0;j<POOLOUTSIZE;++j)
  poolout[i][j]=calcpooling(convout,i*2+1,j*2+1) ;
```

　ここで、calcpooling()関数は、指定されたデータを含む4点のデータの平均値を求める関数です。calcpooling()関数の処理は、次のように記述できます。

```
int m,n ;/*繰り返しの制御用*/
double ave=0.0 ;/*平均値*/

for(m=x;m<=x+1;++m)
 for(n=y;n<=y+1;++n)
  ave+=convout[m][n] ;

return ave/4 ;
```

上記の変数x、yは、最大値を求める対象となる4点のデータのうちの、左上のデータを指定する座標値です。またconvout[][]配列は畳み込み計算の出力データであり、プーリング処理の入力となる変数です。

以上、畳み込み演算とプーリング処理の実装方法を検討しました。これらの処理に関係する関数を含めたnn4.cプログラムのモジュール構造を**図3.21**に示します。

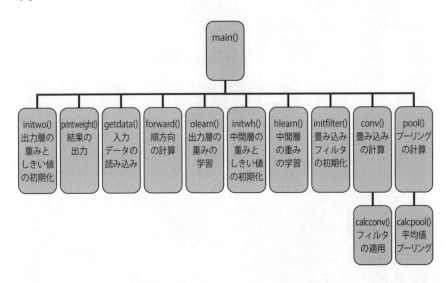

■図 3.21　nn4.c プログラムのモジュール構造

以上の準備に従って構成したnn4.cプログラムを**リスト3.4**に示します。

■リスト 3.4　nn4.c プログラムのソースコード

```
 1:/************************************************************/
 2:/*                      nn4.c                              */
 3:/*  畳み込みニューラルネット                                    */
 4:/*  使い方                                                   */
 5:/*     C:\Users\odaka\ch3>nn4 < (学習データセットのファイル名)    */
 6:/*  誤差の推移や，学習結果となる結合係数などを出力します          */
 7:/************************************************************/
 8:
 9:/*Visual Studioとの互換性確保 */
10:#define _CRT_SECURE_NO_WARNINGS
11:
```

```
12:/* ヘッダファイルのインクルード*/
13:#include <stdio.h>
14:#include <stdlib.h>
15:#include <math.h>
16:
17:/*記号定数の定義*/
18:/*畳み込み演算関連*/
19:#define IMAGESIZE 8 /*入力画像の1辺のピクセル数*/
20:#define F_SIZE 3 /*畳み込みフィルタのサイズ*/
21:#define F_NO 2 /*フィルタの個数*/
22:#define POOLOUTSIZE 3  /*プーリング層の出力のサイズ*/
23:/*全結合増関連*/
24:#define INPUTNO 18    /*入力層のセル数*/
25:#define HIDDENNO 6    /*中間層のセル数*/
26:#define OUTPUTNO 4    /*出力層のセル数*/
27:#define ALPHA  1      /*学習係数*/
28:#define MAXNO 100     /*学習データの最大個数*/
29:#define BIGNUM 100    /*誤差の初期値*/
30:#define LIMIT 0.001  /*誤差の上限値*/
31://#define SEED 65535    /*乱数のシード*/
32:#define SEED 32767    /*乱数のシード*/
33:
34:/*関数のプロトタイプの宣言*/
35:/*畳み込み演算関連*/
36:void initfilter(double filter[F_NO][F_SIZE][F_SIZE]);
37:                     /*畳み込みフィルタの初期化*/
38:int getdata(double image[][IMAGESIZE][IMAGESIZE]
39:               ,double t[][OUTPUTNO]); /*データ読み込み*/
40:void conv(double filter[F_SIZE][F_SIZE]
41:              ,double e[][IMAGESIZE]
42:              ,double convout[][IMAGESIZE]); /*畳み込みの計算*/
43:double calcconv(double filter[][F_SIZE]
44:              ,double e[][IMAGESIZE],int i,int j) ;/*  フィルタの適用  */
45:void pool(double convout[][IMAGESIZE],double poolout[][POOLOUTSIZE]);
46:                     /*プーリングの計算*/
47:double calcpooling(double convout[][IMAGESIZE]
48:              ,int x,int y) ;/* 平均値プーリング */
49:
50:/*全結合層関連*/
```

```
51:void initwh(double wh[HIDDENNO][INPUTNO+1]) ;
52:                        /*中間層の重みの初期化*/
53:void initwo(double wo[OUTPUTNO][HIDDENNO+1]) ;
54:                        /*出力層の重みの初期化*/
55:double forward(double wh[HIDDENNO][INPUTNO+1]
56:           ,double [HIDDENNO+1],double hi[]
57:           ,double e[INPUTNO+OUTPUTNO]) ; /*順方向の計算*/
58:void olearn(double wo[HIDDENNO+1],double hi[]
59:           ,double e[INPUTNO+OUTPUTNO],double o,int k) ;
60:                              /*出力層の重みの学習*/
61:void hlearn(double wh[HIDDENNO][INPUTNO+1]
62:           ,double wo[HIDDENNO+1],double hi[]
63:           ,double e[INPUTNO+OUTPUTNO],double o,int k) ;
64:                              /*中間層の重みの学習*/
65:void printweight(double wh[HIDDENNO][INPUTNO+1]
66:            ,double wo[OUTPUTNO][HIDDENNO+1]) ; /*結果の出力*/
67:double s(double u) ; /*シグモイド関数*/
68:double drand(void) ; /*-1から1の間の乱数を生成 */
69:
70:/*******************/
71:/*    main()関数    */
72:/*******************/
73:int main()
74:{
75: /*畳み込み演算関連*/
76:  double filter[F_NO][F_SIZE][F_SIZE] ;/*畳み込みフィルタ*/
77:  double image[MAXNO][IMAGESIZE][IMAGESIZE] ;/*入力データ*/
78:  double t[MAXNO][OUTPUTNO] ;/*教師データ*/
79:  double convout[IMAGESIZE][IMAGESIZE] ;/*畳み込み出力*/
80:  double poolout[POOLOUTSIZE][POOLOUTSIZE] ;/*出力データ*/
81:
82: /*全結合層関連*/
83:  double wh[HIDDENNO][INPUTNO+1] ;/*中間層の重み*/
84:  double wo[OUTPUTNO][HIDDENNO+1] ;/*出力層の重み*/
85:  double e[MAXNO][INPUTNO+OUTPUTNO] ;/*学習データセット*/
86:  double hi[HIDDENNO+1] ;/*中間層の出力*/
87:  double o[OUTPUTNO] ;/*出力*/
88:  double err=BIGNUM ;/*誤差の評価*/
89:  int i,j,m,n ;/*繰り返しの制御*/
```

```
 90: int n_of_e ;/*学習データの個数*/
 91: int count=0 ;/*繰り返し回数のカウンタ*/
 92:
 93: /*乱数の初期化*/
 94: srand(SEED) ;
 95:
 96: /*畳み込みフィルタの初期化*/
 97: initfilter(filter) ;
 98:
 99: /*重みの初期化*/
100: initwh(wh) ;
101: initwo(wo) ;
102: printweight(wh,wo) ;
103:
104:
105: /*学習データの読み込み*/
106: n_of_e=getdata(image,t) ;
107: printf("学習データの個数:%d\n",n_of_e) ;
108:
109: /*畳み込み処理*/
110: for(i=0;i<n_of_e;++i){/*学習データ毎の繰り返し*/
111:   for(j=0;j<F_NO;++j){/*フィルタ毎の繰り返し*/
112:     /*畳み込みの計算*/
113:     conv(filter[j],image[i],convout) ;
114:     /*プーリングの計算*/
115:     pool(convout,poolout) ;
116:     /*プーリング出力を全結合層の入力へコピー*/
117:     for(m=0;m<POOLOUTSIZE;++m)
118:      for(n=0;n<POOLOUTSIZE;++n)
119:       e[i][j*POOLOUTSIZE*POOLOUTSIZE+POOLOUTSIZE*m+n]
120:            =poolout[m][n] ;
121:     for(m=0;m<OUTPUTNO;++m)
122:      e[i][POOLOUTSIZE*POOLOUTSIZE*F_NO+m]=t[i][m] ;/*教師データ*/
123:   }
124: }
125:
126: /*学習*/
127: while(err>LIMIT){
128:   /*i個の出力層に対応*/
```

```
129:   for(i=0;i<OUTPUTNO;++i){
130:     err=0.0 ;
131:     for(j=0;j<n_of_e;++j){
132:       /*順方向の計算*/
133:       o[i]=forward(wh,wo[i],hi,e[j]) ;
134:       /*出力層の重みの調整*/
135:       olearn(wo[i],hi,e[j],o[i],i) ;
136:       /*中間層の重みの調整*/
137:       hlearn(wh,wo[i],hi,e[j],o[i],i) ;
138:       /*誤差の積算*/
139:       err+=(o[i]-e[j][INPUTNO+i])*(o[i]-e[j][INPUTNO+i]) ;
140:     }
141:     ++count ;
142:     /*誤差の出力*/
143:     printf("%d\t%lf\n",count,err) ;
144:   }
145: }/*学習終了*/
146:
147: /*重みの出力*/
148: printweight(wh,wo) ;
149:
150: /*学習データに対する出力*/
151: for(i=0;i<n_of_e;++i){
152:   printf("%d\n",i) ;
153:   for(j=0;j<INPUTNO;++j)
154:     printf("%lf ",e[i][j]) ;/*学習データ*/
155:   printf("\n") ;
156:   for(j=INPUTNO;j<INPUTNO+OUTPUTNO;++j)/*教師データ*/
157:     printf("%lf ",e[i][j]) ;
158:   printf("\n") ;
159:   for(j=0;j<OUTPUTNO;++j)/*ネットワーク出力*/
160:     printf("%lf ",forward(wh,wo[j],hi,e[i])) ;
161:   printf("\n") ;
162: }
163:
164: return 0 ;
165:}
166:
167:/*********************/
```

```
168:/*   initfilter()関数      */
169:/*    フィルタの初期化       */
170:/***********************/
171:void initfilter(double filter[F_NO][F_SIZE][F_SIZE])
172:{
173: int i,j,k ;/*繰り返しの制御*/
174:
175: for(i=0;i<F_NO;++i)
176:   for(j=0;j<F_SIZE;++j)
177:     for(k=0;k<F_SIZE;++k)
178:       filter[i][j][k]=drand() ;
179:}
180:
181:/***********************/
182:/*     initwh()関数       */
183:/*中間層の重みの初期化     */
184:/***********************/
185:void initwh(double wh[HIDDENNO][INPUTNO+1])
186:{
187: int i,j ;/*繰り返しの制御*/
188:
189: /*  乱数による重みの初期化*/
190: for(i=0;i<HIDDENNO;++i)
191:   for(j=0;j<INPUTNO+1;++j)
192:     wh[i][j]=drand() ;
193:}
194:
195:/***********************/
196:/*     initwo()関数       */
197:/*出力層の重みの初期化     */
198:/***********************/
199:void initwo(double wo[OUTPUTNO][HIDDENNO+1])
200:{
201: int i,j ;/*繰り返しの制御*/
202:
203: /*  乱数による重みの初期化*/
204: for(i=0;i<OUTPUTNO;++i)
205:   for(j=0;j<HIDDENNO+1;++j)
206:     wo[i][j]=drand() ;
```

```
207:}
208:
209:/*********************/
210:/*  getdata()関数      */
211:/*入力データの読み込み   */
212:/*********************/
213:int getdata(double image[][IMAGESIZE][IMAGESIZE]
214:                    ,double t[][OUTPUTNO])
215:{
216: int i=0,j=0,k=0 ;/*繰り返しの制御用*/
217:
218: /*データの入力*/
219: while(scanf("%lf",&t[i][j])!=EOF){
220:   /*教師データの読み込み*/
221:   ++j ;
222:   while(scanf("%lf",&t[i][j])!=EOF){
223:    ++j ;
224:    if(j>=OUTPUTNO) break ;
225:   }
226:
227:   /*画像データの読み込み*/
228:   j=0 ;
229:   while(scanf("%lf",&image[i][j][k])!=EOF){
230:    ++ k ;
231:    if(k>=IMAGESIZE){/*次のデータ*/
232:     k=0 ;
233:     ++j ;
234:     if(j>=IMAGESIZE) break ;/*入力終了*/
235:    }
236:   }
237:   j=0; k=0 ;
238:   ++i ;
239: }
240: return i ;
241:}
242:
243:/*********************/
244:/*  conv()関数         */
245:/*  畳み込みの計算      */
```

```
246:/*********************/
247:void conv(double filter[][F_SIZE]
248:          ,double e[][IMAGESIZE],double convout[][IMAGESIZE])
249:{
250: int i=0,j=0 ;/*繰り返しの制御用*/
251: int startpoint=F_SIZE/2 ;/*畳み込み範囲の下限*/
252:
253: for(i=startpoint;i<IMAGESIZE-startpoint;++i)
254:  for(j=startpoint;j<IMAGESIZE-startpoint;++j)
255:   convout[i][j]=calcconv(filter,e,i,j) ;
256:}
257:
258:/*********************/
259:/*  calcconv()関数     */
260:/*  フィルタの適用      */
261:/*********************/
262:double calcconv(double filter[][F_SIZE]
263:               ,double e[][IMAGESIZE],int i,int j)
264:{
265: int m,n ;/*繰り返しの制御用*/
266: double sum=0 ;/*和の値*/
267:
268: for(m=0;m<F_SIZE;++m)
269:  for(n=0;n<F_SIZE;++n)
270:   sum+=e[i-F_SIZE/2+m][j-F_SIZE/2+n]*filter[m][n];
271:
272: return sum ;
273:}
274:
275:/*********************/
276:/*  pool()関数         */
277:/*  プーリングの計算    */
278:/*********************/
279:void pool(double convout[][IMAGESIZE]
280:         ,double poolout[][POOLOUTSIZE])
281:{
282: int i,j ;/*繰り返しの制御*/
283:
284: for(i=0;i<POOLOUTSIZE;++i)
```

```
285:    for(j=0;j<POOLOUTSIZE;++j)
286:      poolout[i][j]=calcpooling(convout,i*2+1,j*2+1) ;
287:}
288:
289:/**********************/
290:/* calcpooling()関数      */
291:/*   平均値プーリング      */
292:/**********************/
293:double calcpooling(double convout[][IMAGESIZE]
294:                   ,int x,int y)
295:{
296: int m,n ;/*繰り返しの制御用*/
297: double ave=0.0 ;/*平均値*/
298:
299: for(m=x;m<=x+1;++m)
300:   for(n=y;n<=y+1;++n)
301:     ave+=convout[m][n] ;
302:
303: return ave/4.0 ;
304:}
305:
306:/**********************/
307:/*  forward()関数        */
308:/*   順方向の計算         */
309:/**********************/
310:double forward(double wh[HIDDENNO][INPUTNO+1]
311:  ,double wo[HIDDENNO+1],double hi[],double e[])
312:{
313: int i,j ;/*繰り返しの制御*/
314: double u ;/*重み付き和の計算*/
315: double o ;/*出力の計算*/
316:
317: /*hiの計算*/
318: for(i=0;i<HIDDENNO;++i){
319:   u=0 ;/*重み付き和を求める*/
320:   for(j=0;j<INPUTNO;++j)
321:     u+=e[j]*wh[i][j] ;
322:   u-=wh[i][j] ;/*しきい値の処理*/
323:   hi[i]=s(u) ;
```

```
324: }
325: /*出力oの計算*/
326: o=0 ;
327: for(i=0;i<HIDDENNO;++i)
328:   o+=hi[i]*wo[i] ;
329: o-=wo[i] ;/*しきい値の処理*/
330:
331: return s(o) ;
332:}
333:
334:/***********************/
335:/*  olearn()関数         */
336:/*  出力層の重み学習      */
337:/***********************/
338:void olearn(double wo[HIDDENNO+1]
339:     ,double hi[],double e[],double o,int k)
340:{
341: int i ;/*繰り返しの制御*/
342: double d ;/*重み計算に利用*/
343:
344: d=(e[INPUTNO+k]-o)*o*(1-o) ;/*誤差の計算*/
345: for(i=0;i<HIDDENNO;++i){
346:   wo[i]+=ALPHA*hi[i]*d ;/*重みの学習*/
347: }
348: wo[i]+=ALPHA*(-1.0)*d ;/*しきい値の学習*/
349:}
350:
351:/***********************/
352:/*  hlearn()関数         */
353:/*  中間層の重み学習      */
354:/***********************/
355:void hlearn(double wh[HIDDENNO][INPUTNO+1],double wo[HIDDENNO+1]
356:                  ,double hi[],double e[],double o,int k)
357:{
358: int i,j ;/*繰り返しの制御*/
359: double dj ;/*中間層の重み計算に利用*/
360:
361:for(j=0;j<HIDDENNO;++j){/*中間層の各セルjを対象*/
362:   dj=hi[j]*(1-hi[j])*wo[j]*(e[INPUTNO+k]-o)*o*(1-o) ;
```

```
363:    for(i=0;i<INPUTNO;++i)/*i番目の重みを処理*/
364:      wh[j][i]+=ALPHA*e[i]*dj ;
365:    wh[j][i]+=ALPHA*(-1.0)*dj ;/*しきい値の学習*/
366:  }
367:}
368:
369:/*********************/
370:/*  printweight()関数  */
371:/*    結果の出力       */
372:/*********************/
373:void printweight(double wh[HIDDENNO][INPUTNO+1]
374:                ,double wo[OUTPUTNO][HIDDENNO+1])
375:{
376: int i,j ;/*繰り返しの制御*/
377:
378: for(i=0;i<HIDDENNO;++i)
379:   for(j=0;j<INPUTNO+1;++j)
380:     printf("%lf ",wh[i][j]) ;
381: printf("\n") ;
382: for(i=0;i<OUTPUTNO;++i){
383:   for(j=0;j<HIDDENNO+1;++j)
384:     printf("%lf ",wo[i][j]) ;
385: }
386: printf("\n") ;
387:}
388:
389:/*******************/
390:/*  s()関数          */
391:/*  シグモイド関数    */
392:/*******************/
393:double s(double u)
394:{
395: return 1.0/(1.0+exp(-u)) ;
396:}
397:
398:/************************/
399:/*  drand()関数           */
400:/*-1から1の間の乱数を生成    */
401:/************************/
```

```
402:double drand(void)
403:{
404: double rndno ;/*生成した乱数*/
405:
406: while((rndno=(double)rand()/RAND_MAX)==1.0) ;
407: rndno=rndno*2-1 ;/*-1から1の間の乱数を生成*/
408: return rndno;
409:}
```

nn4.cプログラムの実行例を**実行例3.5**に示します。

■実行例3.5　nn4.cプログラムの実行例

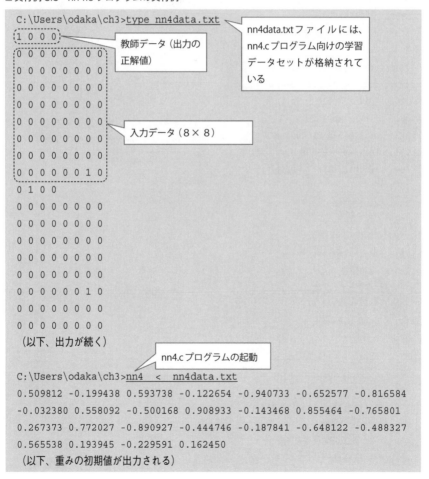

```
C:\Users\odaka\ch3>type nn4data.txt
1 0 0 0
0 0 0 0 0 0 0 0
0 0 0 0 0 0 0 0
0 0 0 0 0 0 0 0
0 0 0 0 0 0 0 0
0 0 0 0 0 0 0 0
0 0 0 0 0 0 0 0
0 0 0 0 0 0 0 0
0 0 0 0 0 0 1 0
0 1 0 0
0 0 0 0 0 0 0 0
0 0 0 0 0 0 0 0
0 0 0 0 0 0 0 0
0 0 0 0 0 0 0 0
0 0 0 0 0 0 0 0
0 0 0 0 0 1 0 0
0 0 0 0 0 0 0 0
0 0 0 0 0 0 0 0
```
（以下、出力が続く）

```
C:\Users\odaka\ch3>nn4  <  nn4data.txt
0.509812 -0.199438 0.593738 -0.122654 -0.940733 -0.652577 -0.816584
-0.032380 0.558092 -0.500168 0.908933 -0.143468 0.855464 -0.765801
0.267373 0.772027 -0.890927 -0.444746 -0.187841 -0.648122 -0.488327
0.565538 0.193945 -0.229591 0.162450
```
（以下、重みの初期値が出力される）

3.2 畳み込みニューラルネットによる学習

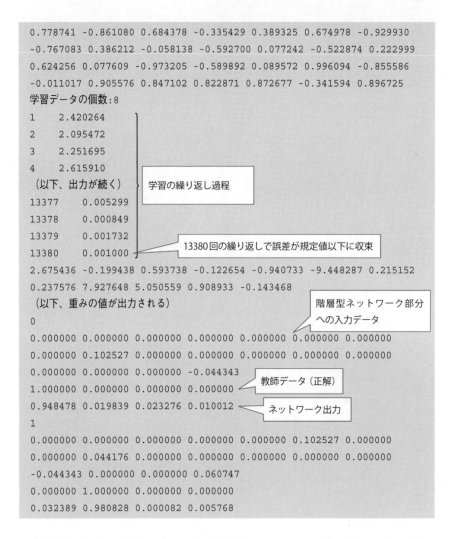

```
0.778741 -0.861080 0.684378 -0.335429 0.389325 0.674978 -0.929930
-0.767083 0.386212 -0.058138 -0.592700 0.077242 -0.522874 0.222999
0.624256 0.077609 -0.973205 -0.589892 0.089572 0.996094 -0.855586
-0.011017 0.905576 0.847102 0.822871 0.872677 -0.341594 0.896725
学習データの個数：8
1     2.420264
2     2.095472
3     2.251695
4     2.615910
（以下、出力が続く）       ┐ 学習の繰り返し過程
13377    0.005299
13378    0.000849
13379    0.001732
13380    0.001000            13380回の繰り返しで誤差が規定値以下に収束
2.675436 -0.199438 0.593738 -0.122654 -0.940733 -9.448287 0.215152
0.237576 7.927648 5.050559 0.908933 -0.143468
（以下、重みの値が出力される）         階層型ネットワーク部分
                                     への入力データ
0
0.000000 0.000000 0.000000 0.000000 0.000000 0.000000 0.000000
0.000000 0.102527 0.000000 0.000000 0.000000 0.000000 0.000000
0.000000 0.000000 0.000000 -0.044343
1.000000 0.000000 0.000000 0.000000        教師データ（正解）
0.948478 0.019839 0.023276 0.010012        ネットワーク出力
1
0.000000 0.000000 0.000000 0.000000 0.000000 0.102527 0.000000
0.000000 0.044176 0.000000 0.000000 0.000000 0.000000 0.000000
-0.044343 0.000000 0.000000 0.060747
0.000000 1.000000 0.000000 0.000000
0.032389 0.980828 0.000082 0.005768
```

実行例3.5では、学習データセットを格納したnn4data.txtというファイルを用いています。nn4data.txtファイルには、4つの教師データすなわち出力の正解値と、8×8の入力データを一組とした学習データが、全部で8セット含まれています。

nn4.cプログラムを起動すると、重みの初期値を出力した後、学習の繰り返し過程に入ります。実行例では、13380回の繰り返しの後に、誤差が規定値以下に収束しています。その後、階層型ネットワーク部分への入力と対応する教師データ、およびネットワーク出力が出力されています。

第4章

深層強化学習

本章では、強化学習の枠組みに深層学習の手法を取り入れた深層強化学習を取り上げます。具体的には、第2章で構成したQ学習の枠組みにおいて、Q値を学習するためにニューラルネットを導入します。こうすることで、より大規模で複雑な問題に対してもQ学習を行うことが可能となります。

第4章 深層強化学習

4.1 強化学習と深層学習の融合による深層強化学習の実現

ここでは、強化学習、特に第2章で紹介したQ学習に対して深層学習を適用する方法を検討します。

4.1.1 Q学習へのニューラルネットの適用

第2章では、Q学習を用いて行動選択知識を獲得する例題を扱いました。第2章で扱ったQ学習の枠組みでは、各状態における行動知識を与えるQ値を、配列に格納する形式で表現しました。この方法でQ値を表現する場合、状態と行動の組み合わせが非常に多数になるような複雑な問題では、Q値の表現に膨大な記憶容量を必要とするという問題が生じます（**図4.1**）。

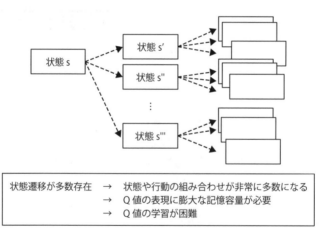

■ 図 4.1 配列を用いた Q 値表現の問題点

Q値の表現が膨大になると、そもそもQ値の学習自体が困難になります。このような例は、たとえば第1章で紹介したDQNにおけるビデオゲームの制御知識獲得や、AlphaGoにおける囲碁知識の獲得のような、大規模で複雑な問題の場合にあてはまります。

この問題を解決する方法として、Q値の表現とその獲得にニューラルネットを用いる方法があります。この方法では、Q値の表現にニューラルネットを用います。つまり、ある状態sと行動aをニューラルネットに入力すると、その状態に対応す

る行動選択Q(s, a)がニューラルネットの出力として得られるように、ニューラルネットを構成します（**図4.2**）。

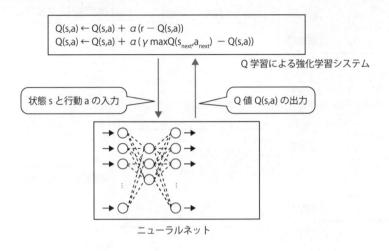

■図4.2　ニューラルネットを用いたQ値の表現

　図4.2で、Q学習による強化学習では、ある状態における行動を選択するために、その状態で選択しうる行動に対するQ値を用います。この際に、Q値を求める手続きとして、ある状態とそれに対する行動を指定して、対応するQ値を得ます。第2章に示したプログラムでは、この手続きは配列の参照として実装していました。ここで、配列を用いる代わりに、ニューラルネットを用いてQ値を求めるようにします（**図4.3**）。

第4章　深層強化学習

（1）配列によるQ値の表現
　　状態と行動を添字として指定し、配列に格納された値をQ値として出力

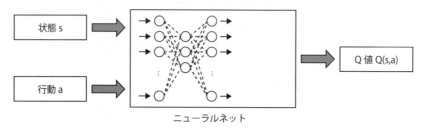

（2）ニューラルネットによるQ値の表現
　　状態と行動を入力値として指定し、ニューラルネットの順方向の計算値をQ値として出力

■図4.3　配列によるQ値の表現とニューラルネットによる表現

　ニューラルネットを用いてQ値を求めるためには、適切な行動選択が可能となるようにニューラルネットのパラメタを調節して、状態sと行動aに対する適切なQ値を出力するようにしなければなりません。つまり、ニューラルネットの学習が必要になります。

　第2章で示したQ学習のプログラムでは、Q値の学習は配列の値を調節することで実現しました。これに対してニューラルネットを用いる場合には、ある状態と行動の組に対して適切なQ値が求まるように、ニューラルネットの学習を行う必要があります（**図4.4**）。この場合の学習セットは、状態と行動の組を入力データとして、Q学習の式で与えられるQ値を教師データとするようなデータセットです。

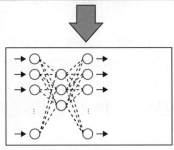

■図 4.4　ニューラルネットの学習による Q 値の学習

以上の考え方を適用すると、Q学習のアルゴリズムは**図 4.5**のように表現することができます。これは、基本的には第 2 章の図 2.10 で示したアルゴリズムと同じです。異なるのは、Q値の計算やQ値更新にニューラルネットを用いている点です。

初期化
乱数を用いて、ニューラルネットのパラメタを初期化する。
学習ループ
下記の（1）〜（5）の手続きを、適当な終了条件のもとで繰り返す。
（1）行動の初期状態に戻る
（2）次の状態に至る行動を、ニューラルネットを用いて求めた Q 値に基づいて選択する
（3）第 2 章で示した式（2.2）に基づいてニューラルネットのパラメタを更新する
（4）選択した行動によって次の状態に遷移する。
（5）目標状態（ゴール）に至るか、あらかじめ決められた回数の行動選択を終えたら手順（1）に戻る
（6）手順（2）に戻る

■図 4.5　ニューラルネットを利用した Q 学習のアルゴリズム
（下線部はニューラルネット関連処理）

図 4.5 で、下線で示した部分は、Q値を扱うニューラルネットに関連した処理です。このように、ニューラルネットを単なる下請けのデータ表現の手段と考えると、図 4.5 の処理は第 2 章で示した Q 学習のアルゴリズムと基本的に同じものとなります。

4.1.2　Q学習とニューラルネットの融合

次に、Q値学習の枠組みにニューラルネットを組み込んで融合する方法を考えます。はじめに、2.1節で示した単純な例題に対してニューラルネットを組み込む場合を考えます。

図4.6に示すように、この例題では状態0から状態6の7つの状態を扱います。それぞれの状態では、上下2種類の行動を選択することができます。そこで、ニューラルネットとして、状態の数だけの入力ニューロンを有し、出力ニューロンとして上（UP）と下（DOWN）の2種類の行動に対応した2つのニューロンを用意します。

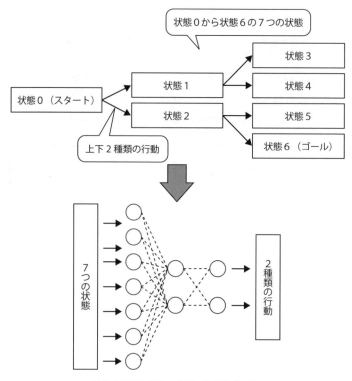

■図4.6　Q学習へのニューラルネットの適用例（1）　単純な例題の場合

図4.6で、ある状態におけるQ値は、状態を表現するニューラルネットへの入力値eを与えることで求まります。この例題では、各状態で選択できる行動は上（UP）

と下（DOWN）の2種類です。図4.6のニューラルネットは、それぞれに対応した出力ニューロンからQ値が出力されます。

たとえば、状態0におけるQ値である、以下の値を求める場合を考えます。

　Q(状態0, 上)
　Q(状態0, 下)

ニューラルネットに与える入力値eは、状態0に対応した次のような値になります。

　(1, 0, 0, 0, 0, 0, 0)

図4.6の7入力2出力ニューラルネットに上記の入力を与えると、上または下のそれぞれの行動に対応するQ値、すなわちQ(状態0, 上)とQ(状態0, 下)の値が出力されます（**図4.7**）。

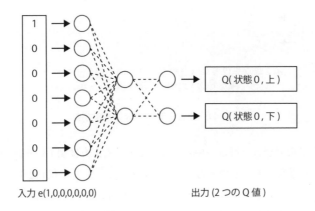

■図4.7　Q値の計算例　状態0に対応する2つのQ値を求める

同様に、状態2に対応するQ値を求める場合であれば、入力eは次のように与えます。

　(0, 0, 1, 0, 0, 0, 0)

上記の入力を図 4.7 と同様に与えると、2 つの出力ニューロンに Q(状態 2, 上) と Q(状態 2, 下) の値が出力されます。

以上のようなニューラルネットを構成すると、Q 学習の枠組みに合わせてニューラルネットの学習を実現することができます。つまり、第 2 章で説明した Q 学習の手続きにおいて、Q 値の更新を行う段階でニューラルネットの学習アルゴリズムを適用します。つまり、Q 値更新において、第 2 章の式 (2.3) および式 (2.4) の値を教師データとして、ニューラルネットのパラメタを調節します (**図 4.8**)。

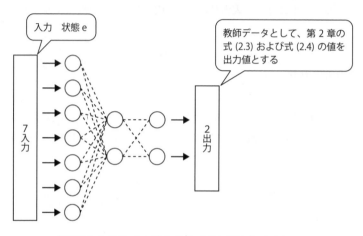

第 2 章の式（2.3）および式（2.4）の値を教師データとして、ニューラルネットのパラメタを調節する。

■ 図 4.8　ニューラルネットの学習方法

次に、2.2.2 項で扱った例題の場合を考えます。考え方は図 4.6 の例題の場合と同様で、64 個の状態に対応した入力ニューロンを有し、上下左右 4 通りの行動に対応した出力ニューロンを持つニューラルネットを準備します。これに対して、上記と同様に学習を施すことで、Q 値の学習を進めます (**図 4.9**)。

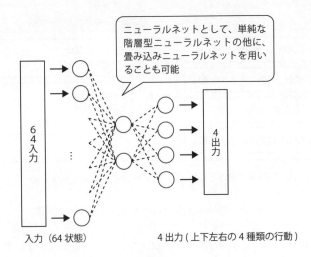

■図4.9　Q学習へのニューラルネットの適用例（2）　ゴールを見つける学習プログラムへのニューラルネットの適用

　図4.9のニューラルネットには、単純な階層型ニューラルネットの他に、畳み込みニューラルネットを用いることも可能です。実際、DQNやAlphaGoの例では、問題の複雑さに対応した大規模な畳み込みニューラルネットが利用されています。そこでここでは、図4.9の例題に対して、第3章で示した畳み込みニューラルネットを用いてシステムを構成する方法を取ることにします。

4.2 深層強化学習の実装

4.2.1 枝分かれした迷路を抜ける深層強化学習プログラム q21dl.c

　はじめに、第2章で最初に扱ったq21.cプログラムに対して階層型ニューラルネットを適用することで、深層強化学習プログラムq21dl.cを構成しましょう。

　q21dl.cプログラムの概略構成図を**図4.10**に示します。q21dl.cプログラムは、第2章で示した強化学習のプログラムであるq21.cと、第3章で扱った複数の出力を有する階層型ニューラルネットであるnn3.cプログラムを融合したような構成となっています。その上で、ニューラルネットワーク部はQ学習部の動作に伴って機能する、いわばQ学習部の下請けのような立場として動作します。

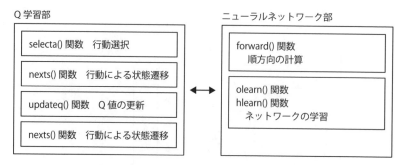

■図4.10 深層強化学習プログラムq21dl.cの概略構成図

q21dl.cプログラムの基本的な動作は、q21.cプログラムと同様です。異なるのは、Q値に関連する処理にニューラルネットを利用している点です。

たとえば、Q値の最大値を計算するset_a_by_q()関数では、ニューラルネットを用いて次のように計算を進めます。

```
double upqvalue,downqvalue ;
double e[INPUTNO+1]={0}   ;
/*Q値の計算*/
e[s]=1 ;/*ニューラルネットへの入力設定*/
upqvalue=forward(wh,wo[UP],hi,e) ;/*UP*/
downqvalue=forward(wh,wo[DOWN],hi,e) ;/*DOWN*/
/*Q値による判定*/
if((upqvalue)>(downqvalue))
 return UP ;
else return DOWN;
```

上記で、配列e[]はニューラルネットへの入力を与えるデータです。Q値の計算にはニューラルネットの順方向の計算を用いますが、順方向の計算を担当するforward()関数に対する入力値として配列e[]を与えます。

Q値の更新においては、ニューラルネットのパラメタ学習手続きを適用します。今、状態sにおいて行動aを選択した場合にQ値を更新する手続きは、以下のように記述することができます。

```
/*Q値の更新*/
  /*ネットワーク入力データeの設定*/
  for(i_n=0;i_n<INPUTNO+OUTPUTNO;++i_n)
    e[i_n]=0 ;
  e[s]=1 ;/*現在の状態*/
  e[INPUTNO+a]=updateq(s,snext,a,wh,wo,hi) ;/*行動*/
  /*順方向の計算*/
  o[a]=forward(wh,wo[a],hi,e) ;
  /*出力層の重みの調整*/
  olearn(wo[a],hi,e,o[a],a) ;
  /*中間層の重みの調整*/
  hlearn(wh,wo[a],hi,e,o[a],a) ;
```

上記では、ネットワークパラメタの学習手続きであるolearn()関数とhlearn()関数を用いて、Q値を与えるニューラルネットの学習を行っています。それに先立ち、ネットワークの順方向の計算を行うために、入力データe[]をセットした上で、forward()関数を用いて順方向のネットワーク出力値を計算しています。

以上の準備によって構成したq21dl.cプログラムを、**リスト4.1**に示します。

■リスト4.1　q21dl.c プログラムのソースコード

```
 1:/**********************************************/
 2:/*         q21dl.c                            */
 3:/*     強化学習とNNの例題プログラム              */
 4:/*   q21.cの発展版                             */
 5:/*使い方                                       */
 6:/* C:\Users\odaka\ch4>q21dl                   */
 7:/**********************************************/
 8:
 9:/*Visual Studioとの互換性確保 */
10:#define _CRT_SECURE_NO_WARNINGS
11:
12:/*ヘッダファイルのインクルード*/
13:#include <stdio.h>
14:#include <stdlib.h>
15:#include <math.h>
16:
17:/* 記号定数の定義              */
18:/*強化学習関連*/
```

```
19:#define GENMAX  4000 /*学習の繰り返し回数*/
20:#define STATENO  7   /*状態の数*/
21:#define ACTIONNO 2   /*行動の数*/
22:#define ALPHA 0.1/*学習係数*/
23:#define GAMMA 0.9/*割引率*/
24:#define EPSILON 0.3 /*行動選択のランダム性を決定*/
25:#define SEED 65535 /*乱数のシード*/
26:#define REWARD 1 /*ゴール到達時の報酬*/
27:#define GOAL 6 /*状態6がゴール状態*/
28:#define UP  0/*上方向の行動*/
29:#define DOWN 1/*下方向の行動*/
30:#define LEVEL 2 /*枝分かれの深さ*/
31:/*ニューラルネット関連*/
32:#define INPUTNO 7    /*入力層のセル数*/
33:#define HIDDENNO 2   /*中間層のセル数*/
34:#define OUTPUTNO 2   /*出力層のセル数*/
35:#define NNALPHA 3       /*学習係数*/
36:
37:/* 関数のプロトタイプの宣言    */
38:/*強化学習関連*/
39:int rand0or1() ;/*0又は1を返す乱数関数*/
40:double frand() ;/*0～1の実数を返す乱数関数*/
41:void printqvalue(double wh[HIDDENNO][INPUTNO+1]
42:    ,double wo[OUTPUTNO][HIDDENNO+1],double hi[]);/*Q値出力*/
43:int selecta(int s,double wh[HIDDENNO][INPUTNO+1]
44:    ,double wo[OUTPUTNO][HIDDENNO+1],double hi[]);/*行動選択*/
45:double updateq(int s,int snext,int a,double wh[HIDDENNO][INPUTNO+1]
46:    ,double wo[OUTPUTNO][HIDDENNO+1],double hi[]);/*Q値更新*/
47:int set_a_by_q(int s,double wh[HIDDENNO][INPUTNO+1]
48:    ,double wo[OUTPUTNO][HIDDENNO+1],double hi[]);/*Q値最大値を選択*/
49:int nexts(int s,int a) ;/*行動によって次の状態に遷移*/
50:/*ニューラルネット関連*/
51:void initwh(double wh[HIDDENNO][INPUTNO+1]) ;
52:                        /*中間層の重みの初期化*/
53:void initwo(double wo[OUTPUTNO][HIDDENNO+1]) ;
54:                        /*出力層の重みの初期化*/
55:double forward(double wh[HIDDENNO][INPUTNO+1]
56:         ,double [HIDDENNO+1],double hi[]
57:         ,double e[INPUTNO+OUTPUTNO]) ; /*順方向の計算*/
```

```
58:void olearn(double wo[HIDDENNO+1],double hi[]
59:           ,double e[INPUTNO+OUTPUTNO],double o,int k) ;
60:                              /*出力層の重みの学習*/
61:void hlearn(double wh[HIDDENNO][INPUTNO+1]
62:           ,double wo[HIDDENNO+1],double hi[]
63:           ,double e[INPUTNO+OUTPUTNO],double o,int k) ;
64:                              /*中間層の重みの学習*/
65:void printweight(double wh[HIDDENNO][INPUTNO+1]
66:           ,double wo[OUTPUTNO][HIDDENNO+1]) ; /*結果の出力*/
67:double s(double u) ; /*シグモイド関数*/
68:double drand(void) ;/*-1から1の間の乱数を生成 */
69:
70:/****************/
71:/*  main()関数   */
72:/****************/
73:int main()
74:{
75: /*強化学習関連*/
76: int i;
77: int s,snext;/*現在の状態と、次の状態*/
78: int t;/*時刻*/
79: int a;/*行動*/
80: /*ニューラルネット関連*/
81: double wh[HIDDENNO][INPUTNO+1] ;/*中間層の重み*/
82: double wo[OUTPUTNO][HIDDENNO+1] ;/*出力層の重み*/
83: double e[INPUTNO+OUTPUTNO] ;/*学習データセット*/
84: double hi[HIDDENNO+1] ;/*中間層の出力*/
85: double o[OUTPUTNO]   ;/*出力*/
86: int i_n ;/*繰り返しの制御*/
87: int count=0 ;/*繰り返し回数のカウンタ*/
88:
89: /*乱数の初期化*/
90: srand(SEED);
91:
92: /*重みの初期化*/
93: initwh(wh) ;
94: initwo(wo) ;
95: printweight(wh,wo) ;
96:
```

```
 97: /*学習の本体*/
 98: for(i=0;i<GENMAX;++i){
 99:   s=0;/*行動の初期状態*/
100:   for(t=0;t<LEVEL;++t){/*最下段まで繰り返す*/
101:     /*行動選択*/
102:     a=selecta(s,wh,wo,hi) ;
103:     fprintf(stderr," s= %d a=%d\n",s,a) ;
104:     snext=nexts(s,a) ;
105:
106:     /*Q値の更新*/
107:     /*ネットワーク入力データeの設定*/
108:     for(i_n=0;i_n<INPUTNO+OUTPUTNO;++i_n)
109:       e[i_n]=0 ;
110:     e[s]=1 ;/*現在の状態*/
111:     e[INPUTNO+a]=updateq(s,snext,a,wh,wo,hi) ;/*行動*/
112:     /*順方向の計算*/
113:     o[a]=forward(wh,wo[a],hi,e) ;
114:     /*出力層の重みの調整*/
115:     olearn(wo[a],hi,e,o[a],a) ;
116:     /*中間層の重みの調整*/
117:     hlearn(wh,wo[a],hi,e,o[a],a) ;
118:     /*行動aによって次の状態snextに遷移*/
119:     s=snext ;
120:   }
121:   /*Q値の出力*/
122:   printqvalue(wh,wo,hi) ;
123: }
124: return 0;
125:}
126:
127:/*******************/
128:/*   下請け関数       */
129:/*   強化学習関連     */
130:/*******************/
131:
132:/**************************/
133:/*       updateq()関数      */
134:/*       Q値を更新する        */
135:/**************************/
```

4.2 深層強化学習の実装

```
136:double updateq(int s,int snext,int a,double wh[HIDDENNO][INPUTNO+1]
137:                          ,double wo[OUTPUTNO][HIDDENNO+1],double hi[])
138:{
139: double qv ;/*更新されるQ値*/
140: double qvalue_sa ;/*現在のQ値*/
141: double qvalue_snexta ;/*次の状態での最大Q値*/
142: double e[INPUTNO+1]={0} ;
143:
144: /*現在状態sでのQ値を求める*/
145: e[s]=1 ;/*ニューラルネットへの入力設定*/
146: qvalue_sa=forward(wh,wo[a],hi,e) ;/*行動a*/
147: e[s]=0 ;/*入力のクリア*/
148:
149: /*次の状態snextでの最大Q値を求める*/
150: e[snext]=1 ;/*ニューラルネットへの入力設定*/
151: qvalue_snexta=forward(wh,wo[set_a_by_q(snext,wh,wo,hi)],hi,e) ;
152:
153: /*Q値の更新*/
154: if(snext==GOAL)/*報酬が付与される場合*/
155:    qv=qvalue_sa+ALPHA*(REWARD-qvalue_sa) ;
156: else/*報酬なし*/
157:    qv=qvalue_sa
158:       +ALPHA*(GAMMA*qvalue_snexta-qvalue_sa) ;
159:
160: return qv ;
161:}
162:
163:/*****************************/
164:/*       selecta()関数        */
165:/*     行動を選択する         */
166:/*****************************/
167:int selecta(int s,double wh[HIDDENNO][INPUTNO+1]
168:              ,double wo[OUTPUTNO][HIDDENNO+1],double hi[])
169:{
170: int a ;/*選択された行動*/
171:
172: /*ε-greedy法による行動選択*/
173: if(frand()<EPSILON){
174:    /*ランダムに行動*/
```

```
175:    a=rand0or1();
176:  }
177:  else{
178:  /*Q値最大値を選択*/
179:    a=set_a_by_q(s,wh,wo,hi) ;
180:  }
181:
182: return a ;
183:}
184:
185:/***************************/
186:/*    set_a_by_q()関数       */
187:/*    Q値最大値を選択         */
188:/***************************/
189:int set_a_by_q(int s,double wh[HIDDENNO][INPUTNO+1]
190:                ,double wo[OUTPUTNO][HIDDENNO+1],double hi[])
191:{
192: double upqvalue,downqvalue ;
193: double e[INPUTNO+1]={0}  ;
194:
195: /*Q値の計算*/
196: e[s]=1 ;/*ニューラルネットへの入力設定*/
197: upqvalue=forward(wh,wo[UP],hi,e) ;/*UP*/
198: downqvalue=forward(wh,wo[DOWN],hi,e) ;/*DOWN*/
199: /*Q値による判定*/
200: if((upqvalue)>(downqvalue))
201:   return UP ;
202: else return DOWN;
203:}
204:
205:/***************************/
206:/*    nexts()関数            */
207:/*行動によって次の状態に遷移    */
208:/***************************/
209:int nexts(int s,int a)
210:{
211: return s*2+1+a ;
212:}
213:
```

```
214:/*****************************/
215:/*     printqvalue()関数      */
216:/*     Q値を出力する          */
217:/*****************************/
218:void printqvalue(double wh[HIDDENNO][INPUTNO+1]
219:              ,double wo[OUTPUTNO][HIDDENNO+1],double hi[])
220:{
221: int i,j ;
222: double e[INPUTNO+1]={0}  ;
223:
224: for(i=0;i<STATENO;++i){
225:  for(j=0;j<ACTIONNO;++j){
226:   e[i]=1 ;/*出力すべき状態の番号*/
227:   printf("%.3lf ",forward(wh,wo[j],hi,e));
228:   e[i]=0 ;/*元に戻す*/
229:  }
230:  printf("\t") ;
231: }
232: printf("\n");
233:}
234:
235:/*****************************/
236:/*     frand()関数            */
237:/*0〜1の実数を返す乱数関数   */
238:/*****************************/
239:double frand()
240:{
241: /*乱数の計算*/
242: return (double)rand()/RAND_MAX ;
243:}
244:
245:/*****************************/
246:/*     rand0or1()関数         */
247:/*    0又は1を返す乱数関数   */
248:/*****************************/
249:int rand0or1()
250:{
251: int rnd ;
252:
```

```
253: /*乱数の最大値を除く*/
254: while((rnd=rand())==RAND_MAX) ;
255: /*乱数の計算*/
256: return (int)((double)rnd/RAND_MAX*2) ;
257:}
258:
259:/***************************/
260:/*   下請け関数              */
261:/*    ニューラルネット関連    */
262:/***************************/
263:/**********************/
264:/*    initwh()関数     */
265:/*中間層の重みの初期化  */
266:/**********************/
267:void initwh(double wh[HIDDENNO][INPUTNO+1])
268:{
269: int i,j ;/*繰り返しの制御*/
270:
271:/*  乱数による重みの初期化*/
272: for(i=0;i<HIDDENNO;++i)
273:   for(j=0;j<INPUTNO+1;++j)
274:     wh[i][j]=drand() ;
275:}
276:
277:/**********************/
278:/*    initwo()関数     */
279:/*出力層の重みの初期化  */
280:/**********************/
281:void initwo(double wo[OUTPUTNO][HIDDENNO+1])
282:{
283: int i,j ;/*繰り返しの制御*/
284:
285:/*  乱数による重みの初期化*/
286: for(i=0;i<OUTPUTNO;++i)
287:   for(j=0;j<HIDDENNO+1;++j)
288:     wo[i][j]=drand() ;
289:}
290:
291:/**********************/
```

```
292:/*  forward()関数       */
293:/*   順方向の計算        */
294:/*********************/
295:double forward(double wh[HIDDENNO][INPUTNO+1]
296: ,double wo[HIDDENNO+1],double hi[],double e[])
297:{
298: int i,j ;/*繰り返しの制御*/
299: double u ;/*重み付き和の計算*/
300: double o ;/*出力の計算*/
301:
302: /*hiの計算*/
303: for(i=0;i<HIDDENNO;++i){
304:   u=0 ;/*重み付き和を求める*/
305:   for(j=0;j<INPUTNO;++j)
306:     u+=e[j]*wh[i][j] ;
307:   u-=wh[i][j] ;/*しきい値の処理*/
308:   hi[i]=s(u) ;
309: }
310: /*出力oの計算*/
311: o=0 ;
312: for(i=0;i<HIDDENNO;++i)
313:   o+=hi[i]*wo[i] ;
314: o-=wo[i] ;/*しきい値の処理*/
315:
316: return s(o) ;
317:}
318:
319:/*********************/
320:/*  olearn()関数       */
321:/*   出力層の重み学習   */
322:/*********************/
323:void olearn(double wo[HIDDENNO+1]
324:     ,double hi[],double e[],double o,int k)
325:{
326: int i ;/*繰り返しの制御*/
327: double d ;/*重み計算に利用*/
328:
329: d=(e[INPUTNO+k]-o)*o*(1-o) ;/*誤差の計算*/
330: for(i=0;i<HIDDENNO;++i){
```

```
331:    wo[i]+=NNALPHA*hi[i]*d ;/*重みの学習*/
332:  }
333:  wo[i]+=NNALPHA*(-1.0)*d ;/*しきい値の学習*/
334:}
335:
336:/***********************/
337:/*  hlearn()関数        */
338:/*   中間層の重み学習    */
339:/***********************/
340:void hlearn(double wh[HIDDENNO][INPUTNO+1],double wo[HIDDENNO+1]
341:            ,double hi[],double e[],double o,int k)
342:{
343:  int i,j ;/*繰り返しの制御*/
344:  double dj ;/*中間層の重み計算に利用*/
345:
346:  for(j=0;j<HIDDENNO;++j){/*中間層の各セルjを対象*/
347:    dj=hi[j]*(1-hi[j])*wo[j]*(e[INPUTNO+k]-o)*o*(1-o) ;
348:    for(i=0;i<INPUTNO;++i)/*i番目の重みを処理*/
349:      wh[j][i]+=NNALPHA*e[i]*dj ;
350:    wh[j][i]+=NNALPHA*(-1.0)*dj ;/*しきい値の学習*/
351:  }
352:}
353:
354:/***********************/
355:/*  printweight()関数 */
356:/*    結果の出力       */
357:/***********************/
358:void printweight(double wh[HIDDENNO][INPUTNO+1]
359:                 ,double wo[OUTPUTNO][HIDDENNO+1])
360:{
361:  int i,j ;/*繰り返しの制御*/
362:
363:  for(i=0;i<HIDDENNO;++i)
364:    for(j=0;j<INPUTNO+1;++j)
365:      printf("%lf ",wh[i][j]) ;
366:  printf("\n") ;
367:  for(i=0;i<OUTPUTNO;++i){
368:    for(j=0;j<HIDDENNO+1;++j)
369:      printf("%lf ",wo[i][j]) ;
```

```
370: }
371: printf("\n") ;
372:}
373:
374:/*******************/
375:/* s()関数          */
376:/* シグモイド関数    */
377:/*******************/
378:double s(double u)
379:{
380: return 1.0/(1.0+exp(-u)) ;
381:}
382:
383:/*************************/
384:/* drand()関数            */
385:/*-1から1の間の乱数を生成  */
386:/*************************/
387:double drand(void)
388:{
389: double rndno ;/*生成した乱数*/
390:
391: while((rndno=(double)rand()/RAND_MAX)==1.0) ;
392: rndno=rndno*2-1 ;/*-1から1の間の乱数を生成*/
393: return rndno;
394:}
```

実行例4.1に、q21dl.cプログラムの実行例を示します。実行例4.1では、第2章の場合と同様、GOALが状態6に設定されている場合の挙動を示しています。学習の進展に従い、状態6へ向かう経路のQ値が増加していることがわかります。**図4.11**に、実行例4.1の最終状態における、Q値に基づく行動選択を示します。

■実行例4.1　q21dl.cプログラムの実行例（1）　GOALが状態6の場合

```
C:\Users\odaka\ch4>q21dl
0.064486 0.440718 -0.108188 0.934996 -0.791437 0.399884 -0.875362
0.049715 0.991211 0.972777 -0.258400 0.899045 -0.778802 -0.688467
-0.451277 -0.723136
-0.118381 0.374859 -0.051546 -0.859127 -0.396161 -0.246864
 s= 0 a=0
```

```
 s= 1 a=0
0.572 0.372     0.569 0.354     0.553 0.403     0.565 0.334
0.546 0.449     0.539 0.387     0.554 0.445
 s= 0 a=0
 s= 1 a=0
0.568 0.372     0.565 0.354     0.549 0.403     0.561 0.334
0.542 0.449     0.535 0.387     0.550 0.445
 s= 0 a=0
 s= 1 a=0
・・・以下学習が進む・・・
 s= 0 a=1
 s= 2 a=1
0.797 0.858     0.798 0.877     0.783 0.944     0.798 0.867
0.754 0.927     0.758 0.884     0.766 0.931
 s= 0 a=1
 s= 2 a=1
0.797 0.858     0.798 0.877     0.783 0.944     0.798 0.867
0.754 0.927     0.758 0.884     0.766 0.931

C:\Users\odaka\ch4>
```

学習の進展に従い、状態6へ向かう経路のQ値が増加している

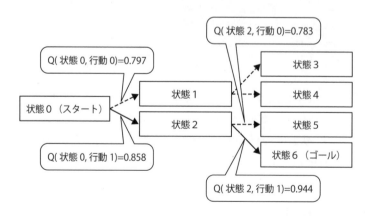

■図 4.11　実行例 4.1 の最終状態における、Q 値に基づく行動選択

　同じq21dl.cプログラムを使って、GOALを状態3に設定した場合の挙動を、**実行例4.2**に示します。実行例4.2では、学習の初期では実行例4.1と似たようなQ値が設定されていますが、学習を進めるにつれて、状態3に至る行動が選択されやす

くなるようにQ値が獲得されています（**図4.12**）。

■実行例4.2　q21dl.cプログラムの実行例（2）　GOALが状態3の場合

```
C:\Users\odaka\ch4>q21dl
0.064486 0.440718 -0.108188 0.934996 -0.791437 0.399884 -0.875362
0.049715 0.991211 0.972777 -0.258400 0.899045 -0.778802 -0.688467
-0.451277 -0.723136
-0.118381 0.374859 -0.051546 -0.859127 -0.396161 -0.246864
 s= 0 a=0
 s= 1 a=0
0.590 0.372      0.588 0.354      0.569 0.403      0.584 0.334
0.560 0.449      0.555 0.387      0.568 0.445
 s= 0 a=0
 s= 1 a=0
0.603 0.372      0.601 0.354      0.580 0.403      0.597 0.334
0.570 0.449      0.566 0.387      0.579 0.445
 s= 0 a=0
 s= 1 a=0
0.614 0.373      0.613 0.354      0.591 0.403      0.610 0.334
0.580 0.449      0.577 0.387      0.589 0.445
 s= 0 a=0
 s= 1 a=0
・・・以下学習が進む・・・
 s= 0 a=0
 s= 1 a=0
0.867 0.756      0.960 0.733      0.835 0.740      0.943 0.733
0.816 0.745      0.876 0.723      0.832 0.751
 s= 0 a=1
 s= 2 a=0
0.866 0.756      0.960 0.733      0.835 0.740      0.943 0.733
0.815 0.745      0.876 0.723      0.832 0.751
 s= 0 a=1
 s= 2 a=0
0.866 0.756      0.960 0.733      0.834 0.740      0.943 0.733
0.815 0.745      0.875 0.722      0.831 0.751

C:\Users\odaka\ch4>
```

> 学習の進展に従い、状態3へ向かう経路のQ値が増加している

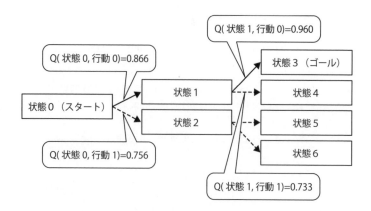

■図 4.12　実行例 4.2 の最終状態における、Q 値に基づく行動選択

4.2.2　ゴールを見つける深層学習プログラム q22dl.c

　強化学習と深層学習の融合例として、先に第 2 章で扱った q22.c プログラムへの畳み込みニューラルネットの適用例を示します。このプログラムを q22dl.c と呼ぶことにします。

　q22dl.c では Q 値の処理に畳み込みニューラルネットを利用します。先に示した図 4.9 にあるように、q22dl.c プログラムでは 64 入力 4 出力の畳み込みニューラルネットを用います。

　q22dl.c プログラムの概略構成図を**図 4.13**に示します。q22dl.c プログラムでは畳み込みニューラルネットを利用しますから、q21dl.c プログラムの場合と比較して畳み込み処理に関係する関数が追加されています。

4.2 深層強化学習の実装

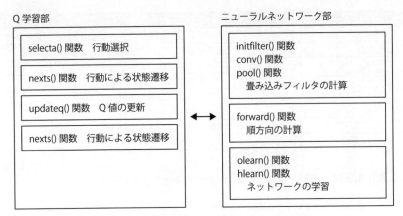

q21dl.c プログラムの場合と比較して、畳み込み処理に
関係する関数が追加されている。

■図 4.13　q22dl.c プログラムの概略構成図

q22dl.c プログラムには、記号定数で設定するさまざまなパラメタが含まれています。**表 4.1** に、主要な記号定数をまとめて示します。これらのうち、特に、乱数のシード SEED については実行環境によって値を変更する必要があります。なお、表 4.1 に示した値を用いると、Windows の MinGW 環境において適切な学習を行うことが可能です。

■表 4.1　q22dl.c プログラムで用いる記号定数

	名称	設定値	説明
共通	SEED	32767	乱数のシード　環境によって適切な値を設定する必要あり（たとえば 65535 等）
Q学習関連	GENMAX	100000	Q学習の繰り返し回数
	STATENO	64	Q学習が扱う状態の数（8×8マス）
	ACTIONNO	4	Q学習が扱う行動の数（上下左右）
	ALPHA	0.1	Q学習の学習係数
	GAMMA	0.9	Q学習の割引率
	EPSILON	0.3	Q学習における行動選択のランダム性（ε）
	REWARD	1	ゴール到達時の報酬値
	GOAL	54	ゴール状態（状態54）
	UP	0	上方向の行動
	DOWN	1	下方向の行動
	LEFT	2	左方向の行動
	RIGHT	3	右方向の行動
	LEVEL	512	Q学習の1試行における最大ステップ数

	名称	設定値	説明
ニューラルネット関連	IMAGESIZE	8	畳み込みフィルタへの入力画像の1辺のピクセル数
	F_SIZE	3	畳み込みフィルタのサイズ
	F_NO	2	フィルタの個数
	POOLOUTSIZE	3	プーリング層の出力のサイズ
	INPUTNO	18	全結合層の入力層セル数
	HIDDENNO	6	全結合層の中間層セル数
	OUTPUTNO	4	全結合層の出力層セル数
	NNALPHA	1	ニューラルネットの学習係数

リスト4.2に、q22dl.cプログラムのソースコードを示します。

■リスト4.2　q22dl.c プログラムのソースコード

```
 1:/***********************************************/
 2:/*        q22dl.c                              */
 3:/*    強化学習とNNの例題プログラム               */
 4:/*  q22.cの発展版                              */
 5:/*使い方                                       */
 6:/* C:\Users\odaka\ch4>q22dl                    */
 7:/***********************************************/
 8:
 9:/*Visual Studioとの互換性確保 */
10:#define _CRT_SECURE_NO_WARNINGS
11:
12:/*ヘッダファイルのインクルード*/
13:#include <stdio.h>
14:#include <stdlib.h>
15:#include <math.h>
16:
17:/* 記号定数の定義            */
18:/*強化学習関連*/
19:#define GENMAX  100000 /*学習の繰り返し回数*/
20:#define STATENO  64   /*状態の数*/
21:#define ACTIONNO 4   /*行動の数*/
22:#define ALPHA 0.1/*学習係数*/
23:#define GAMMA 0.9/*割引率*/
24:#define EPSILON 0.3 /*行動選択のランダム性を決定*/
25://#define SEED 65535 /*乱数のシード*/
26:#define SEED 32767 /*乱数のシード*/
27:#define REWARD 1 /*ゴール到達時の報酬*/
```

```
28:#define GOAL 54  /*状態54がゴール状態*/
29:#define UP 0/*上方向の行動*/
30:#define DOWN 1/*下方向の行動*/
31:#define LEFT 2/*左方向の行動*/
32:#define RIGHT 3/*右方向の行動*/
33:#define LEVEL 512  /*1試行における最大ステップ数*/
34:/*ニューラルネット関連*/
35:/*畳み込み演算関連*/
36:#define IMAGESIZE 8  /*入力画像の1辺のピクセル数*/
37:#define F_SIZE 3 /*畳み込みフィルタのサイズ*/
38:#define F_NO 2  /*フィルタの個数*/
39:#define POOLOUTSIZE 3 /*プーリング層の出力のサイズ*/
40:/*全結合層関連*/
41:#define INPUTNO 18      /*入力層のセル数*/
42:#define HIDDENNO 6     /*中間層のセル数*/
43:#define OUTPUTNO 4    /*出力層のセル数*/
44:#define NNALPHA  1     /*学習係数*/
45:
46:/* 関数のプロトタイプの宣言    */
47:/*強化学習関連*/
48:int rand03() ;/*0～3の値を返す乱数関数*/
49:double frand() ;/*0～1の実数を返す乱数関数*/
50:void printqvalue(double wh[HIDDENNO][INPUTNO+1]
51:     ,double wo[OUTPUTNO][HIDDENNO+1],double hi[]
52:     ,double filter[F_NO][F_SIZE][F_SIZE]);/*Q値出力*/
53:int selecta(int s,double wh[HIDDENNO][INPUTNO+1]
54:     ,double wo[OUTPUTNO][HIDDENNO+1],double hi[]
55:     ,double filter[F_NO][F_SIZE][F_SIZE]);/*行動選択*/
56:double updateq(int s,int snext,int a,double wh[HIDDENNO][INPUTNO+1]
57:     ,double wo[OUTPUTNO][HIDDENNO+1],double hi[]
58:     ,double filter[F_NO][F_SIZE][F_SIZE]);/*Q値更新*/
59:int set_a_by_q(int s,double wh[HIDDENNO][INPUTNO+1]
60:     ,double wo[OUTPUTNO][HIDDENNO+1],double hi[]
61:     ,double filter[F_NO][F_SIZE][F_SIZE]);/*Q値最大値を選択*/
62:int nexts(int s,int a) ;/*行動によって次の状態に遷移*/
63:double calcqvalue(double wh[HIDDENNO][INPUTNO+1]
64: ,double wo[HIDDENNO+1],double hi[],double e[],int s,int a) ;
65:                                        /*Q値の計算 */
66:
```

```
67:/*ニューラルネット関連*/
68:/*畳み込み演算関連*/
69:void initfilter(double filter[F_NO][F_SIZE][F_SIZE]);
70:                       /*畳み込みフィルタの初期化*/
71:int getdata(double image[][IMAGESIZE][IMAGESIZE]
72:                    ,double t[][OUTPUTNO]); /*データ読み込み*/
73:void conv(double filter[F_SIZE][F_SIZE]
74:              ,double e[][IMAGESIZE]
75:              ,double convout[][IMAGESIZE]); /*畳み込みの計算*/
76:double calcconv(double filter[][F_SIZE]
77:              ,double e[][IMAGESIZE],int i,int j);/* フィルタの適用 */
78:void pool(double convout[][IMAGESIZE],double poolout[][POOLOUTSIZE]);
79:                       /*プーリングの計算*/
80:double calcpooling(double convout[][IMAGESIZE]
81:              ,int x,int y);/* 平均値プーリング */
82:
83:void set_e_by_s(int s,double filter[F_NO][F_SIZE][F_SIZE]
84:              ,double e[]);/*畳み込みを用いたNN入力データの設定   */
85:
86:/*全結合層関連*/
87:void initwh(double wh[HIDDENNO][INPUTNO+1]);
88:                       /*中間層の重みの初期化*/
89:void initwo(double wo[OUTPUTNO][HIDDENNO+1]);
90:                       /*出力層の重みの初期化*/
91:double forward(double wh[HIDDENNO][INPUTNO+1]
92:          ,double [HIDDENNO+1],double hi[]
93:          ,double e[INPUTNO+OUTPUTNO]); /*順方向の計算*/
94:void olearn(double wo[HIDDENNO+1],double hi[]
95:          ,double e[INPUTNO+OUTPUTNO],double o,int k);
96:                       /*出力層の重みの学習*/
97:void hlearn(double wh[HIDDENNO][INPUTNO+1]
98:          ,double wo[HIDDENNO+1],double hi[]
99:          ,double e[INPUTNO+OUTPUTNO],double o,int k);
100:                      /*中間層の重みの学習*/
101:void printweight(double wh[HIDDENNO][INPUTNO+1]
102:          ,double wo[OUTPUTNO][HIDDENNO+1]); /*結果の出力*/
103:double s(double u); /*シグモイド関数*/
104:double drand(void);/*-1から1の間の乱数を生成 */
105:
```

```
106:/****************/
107:/*   main()関数    */
108:/****************/
109:int main()
110:{
111:  /*強化学習関連*/
112:  int i;
113:  int s,snext;/*現在の状態と、次の状態*/
114:  int t;/*時刻*/
115:  int a;/*行動*/
116:  /*ニューラルネット関連*/
117:  /*畳み込み演算関連*/
118:  double filter[F_NO][F_SIZE][F_SIZE] ;/*畳み込みフィルタ*/
119:
120:  /*全結合層関連*/
121:  double wh[HIDDENNO][INPUTNO+1] ;/*中間層の重み*/
122:  double wo[OUTPUTNO][HIDDENNO+1] ;/*出力層の重み*/
123:  double e[INPUTNO+OUTPUTNO] ;/*学習データセット*/
124:  double hi[HIDDENNO+1] ;/*中間層の出力*/
125:  double o[OUTPUTNO]   ;/*出力*/
126:  int count=0 ;/*繰り返し回数のカウンタ*/
127:
128:  /*乱数の初期化*/
129:  srand(SEED);
130:
131:  /*畳み込みフィルタの初期化*/
132:  initfilter(filter) ;
133:
134:  /*重みの初期化*/
135:  initwh(wh) ;
136:  initwo(wo) ;
137:  printweight(wh,wo) ;
138:
139:  /*学習の本体*/
140:  for(i=0;i<GENMAX;++i){
141:    if(i%1000==0) fprintf(stderr,"%d000 step\n",i/1000) ;
142:    s=0;/*行動の初期状態*/
143:    for(t=0;t<LEVEL;++t){/*最大ステップ数まで繰り返す*/
144:      /*行動選択*/
```

```
145:      a=selecta(s,wh,wo,hi,filter) ;
146:      fprintf(stdout," s= %d a=%d\n",s,a) ;
147:      snext=nexts(s,a) ;
148:
149:      /*Q値の更新*/
150:      /*ネットワーク入力データeの設定*/
151:      set_e_by_s(s,filter,e) ;
152:      e[INPUTNO+a]=updateq(s,snext,a,wh,wo,hi,filter) ;/*行動*/
153:      /*順方向の計算*/
154:      o[a]=forward(wh,wo[a],hi,e) ;
155:      /*出力層の重みの調整*/
156:      olearn(wo[a],hi,e,o[a],a) ;
157:      /*中間層の重みの調整*/
158:      hlearn(wh,wo[a],hi,e,o[a],a) ;
159:      /*行動aによって次の状態snextに遷移*/
160:      s=snext ;
161:      /*ゴールに到達したら初期状態に戻る*/
162:      if(s==GOAL) break ;
163:     }
164:     /*Q値の出力*/
165:     printqvalue(wh,wo,hi,filter) ;
166:   }
167:   return 0;
168:}
169:
170:/******************/
171:/*   下請け関数       */
172:/*   強化学習関連     */
173:/******************/
174:
175:/******************/
176:/*calcqvalue()関数 */
177:/*Q値の計算        */
178:/******************/
179:double calcqvalue(double wh[HIDDENNO][INPUTNO+1]
180:  ,double wo[HIDDENNO+1],double hi[],double e[],int s,int a)
181:{
182:
183:  /*移動できない方向へのQ値を0にする*/
```

```
184: if((s<=7)&&(a==UP)) return 0 ;/*最上段ではUP方向に進まない*/
185: if((s>=56)&&(a==DOWN)) return 0 ;/*最下段ではDOWN方向に進まない*/
186: if((s%8==0)&&(a==LEFT)) return 0 ;/*左端ではLEFT方向に進まない*/
187: if((s%8==7)&&(a==RIGHT)) return 0 ;/*右端ではRIGHT方向に進まない*/
188:
189: /*移動できる場合のQ値*/
190: return forward(wh,wo,hi,e) ;
191:}
192:
193:/*****************************/
194:/*      updateq()関数         */
195:/*      Q値を更新する         */
196:/*****************************/
197:double updateq(int s,int snext,int a,double wh[HIDDENNO][INPUTNO+1]
198:                ,double wo[OUTPUTNO][HIDDENNO+1],double hi[]
199:                ,double filter[F_NO][F_SIZE][F_SIZE])
200:{
201: double qv ;/*更新されるQ値*/
202: double qvalue_sa ;/*現在のQ値*/
203: double qvalue_snexta ;/*次の状態での最大Q値*/
204: double e[INPUTNO+OUTPUTNO]={0} ;
205:
206: /*現在状態sでのQ値を求める*/
207: /*ネットワーク入力データeの設定*/
208: set_e_by_s(s,filter,e) ;
209: qvalue_sa=calcqvalue(wh,wo[a],hi,e,s,a) ;/*行動a*/
210:
211: /*次の状態snextでの最大Q値を求める*/
212: /*ネットワーク入力データeの設定*/
213: set_e_by_s(snext,filter,e) ;
214: qvalue_snexta=calcqvalue(wh,wo[set_a_by_q(snext,wh,wo,hi,filter)]
215:                         ,hi,e,snext,set_a_by_q(snext,wh,wo,hi,filter)) ;
216:
217: /*Q値の更新*/
218: if(snext==GOAL)/*報酬が付与される場合*/
219:   qv=qvalue_sa+ALPHA*(REWARD-qvalue_sa) ;
220: else/*報酬なし*/
221:   qv=qvalue_sa
222:     +ALPHA*(GAMMA*qvalue_snexta-qvalue_sa) ;
```

```
223:
224: return qv ;
225:}
226:
227:/****************************/
228:/*      selecta()関数       */
229:/*    行動を選択する        */
230:/****************************/
231:int selecta(int s,double wh[HIDDENNO][INPUTNO+1]
232:              ,double wo[OUTPUTNO][HIDDENNO+1],double hi[]
233:              ,double filter[F_NO][F_SIZE][F_SIZE])
234:{
235:  int a ;/*選択された行動*/
236:  double e[INPUTNO+OUTPUTNO]={0}  ;
237:
238: /*ニューラルネットへの入力設定*/
239:  set_e_by_s(s,filter,e) ;
240: /*ε-greedy法による行動選択*/
241:  if(frand()<EPSILON){
242:   /*ランダムに行動*/
243:   do{
244:     a=rand03() ;
245:   }while(calcqvalue(wh,wo[a],hi,e,s,a)==0) ;/*移動できない方向ならやり直し*/
246:  }
247:  else{
248:   /*Q値最大値を選択*/
249:    a=set_a_by_q(s,wh,wo,hi,filter) ;
250:  }
251:
252:  return a ;
253:}
254:
255:/****************************/
256:/*    set_a_by_q()関数      */
257:/*    Q値最大値を選択       */
258:/****************************/
259:int set_a_by_q(int s,double wh[HIDDENNO][INPUTNO+1]
260:              ,double wo[OUTPUTNO][HIDDENNO+1],double hi[]
261:              ,double filter[F_NO][F_SIZE][F_SIZE])
```

```
262:{
263: double maxq=0 ;/*Q値の最大値候補*/
264: int maxaction=0 ;/*Q値最大に対応する行動*/
265: int i ;
266: double e[INPUTNO+OUTPUTNO]={0} ;
267:
268: /*ネットワーク入力データeの設定*/
269: set_e_by_s(s,filter,e) ;
270: for(i=0;i<ACTIONNO;++i)
271:   if(calcqvalue(wh,wo[i],hi,e,s,i)>maxq){
272:
273:     maxq=calcqvalue(wh,wo[i],hi,e,s,i) ;/*最大値の更新*/
274:     maxaction=i ;/*対応する行動*/
275:   }
276:
277: return maxaction ;
278:
279:}
280:
281:/****************************/
282:/*     nexts()関数          */
283:/*行動によって次の状態に遷移   */
284:/****************************/
285:int nexts(int s,int a)
286:{
287: int next_s_value[]={-8,8,-1,1} ;
288:     /*行動aに対応して次の状態に遷移するための加算値*/
289:
290: return s+next_s_value[a] ;
291:}
292:
293:/****************************/
294:/*    printqvalue()関数      */
295:/*    Q値を出力する          */
296:/****************************/
297:void printqvalue(double wh[HIDDENNO][INPUTNO+1]
298:             ,double wo[OUTPUTNO][HIDDENNO+1],double hi[]
299:             ,double filter[F_NO][F_SIZE][F_SIZE])
300:{
```

```
301: int i,j ;
302: double e[INPUTNO+OUTPUTNO]={0}  ;
303:
304: for(i=0;i<STATENO;++i){
305:  for(j=0;j<ACTIONNO;++j){
306:   set_e_by_s(i,filter,e) ;
307:   printf("%.3lf ",forward(wh,wo[j],hi,e));
308:  }
309:  printf("\t") ;
310: }
311: printf("\n");
312:}
313:
314:/***************************/
315:/*     frand()関数          */
316:/*0〜1の実数を返す乱数関数    */
317:/***************************/
318:double frand()
319:{
320: /*乱数の計算*/
321: return (double)rand()/RAND_MAX ;
322:}
323:
324:/***************************/
325:/*     rand03()関数         */
326:/*  0〜3の値を返す乱数関数    */
327:/***************************/
328:int rand03()
329:{
330: int rnd ;
331:
332: /*乱数の最大値を除く*/
333: while((rnd=rand())==RAND_MAX) ;
334: /*乱数の計算*/
335: return (int)((double)rnd/RAND_MAX*4) ;
336:}
337:
338:/***************************/
339:/*  下請け関数              */
```

```
340:/*   ニューラルネット関連       */
341:/***************************/
342:/*********************/
343:/*    initwh()関数    */
344:/*中間層の重みの初期化   */
345:/*********************/
346:void initwh(double wh[HIDDENNO][INPUTNO+1])
347:{
348: int i,j ;/*繰り返しの制御*/
349:
350: /*  乱数による重みの初期化*/
351: for(i=0;i<HIDDENNO;++i)
352:  for(j=0;j<INPUTNO+1;++j)
353:   wh[i][j]=drand() ;
354:}
355:
356:/*********************/
357:/*    initwo()関数    */
358:/*出力層の重みの初期化   */
359:/*********************/
360:void initwo(double wo[OUTPUTNO][HIDDENNO+1])
361:{
362: int i,j ;/*繰り返しの制御*/
363:
364: /*  乱数による重みの初期化*/
365: for(i=0;i<OUTPUTNO;++i)
366:  for(j=0;j<HIDDENNO+1;++j)
367:   wo[i][j]=drand() ;
368:}
369:
370:/*********************/
371:/*    forward()関数   */
372:/*    順方向の計算     */
373:/*********************/
374:double forward(double wh[HIDDENNO][INPUTNO+1]
375: ,double wo[HIDDENNO+1],double hi[],double e[])
376:{
377: int i,j ;/*繰り返しの制御*/
378: double u ;/*重み付き和の計算*/
```

```
379:  double o ;/*出力の計算*/
380:
381:  /*hiの計算*/
382:  for(i=0;i<HIDDENNO;++i){
383:    u=0 ;/*重み付き和を求める*/
384:    for(j=0;j<INPUTNO;++j)
385:      u+=e[j]*wh[i][j] ;
386:    u-=wh[i][j] ;/*しきい値の処理*/
387:    hi[i]=s(u) ;
388:  }
389:  /*出力oの計算*/
390:  o=0 ;
391:  for(i=0;i<HIDDENNO;++i)
392:    o+=hi[i]*wo[i] ;
393:  o-=wo[i] ;/*しきい値の処理*/
394:
395:  return s(o) ;
396:}
397:
398:/*********************/
399:/*   olearn()関数      */
400:/*   出力層の重み学習   */
401:/*********************/
402:void olearn(double wo[HIDDENNO+1]
403:      ,double hi[],double e[],double o,int k)
404:{
405:  int i ;/*繰り返しの制御*/
406:  double d ;/*重み計算に利用*/
407:
408:  d=(e[INPUTNO+k]-o)*o*(1-o) ;/*誤差の計算*/
409:  for(i=0;i<HIDDENNO;++i){
410:    wo[i]+=NNALPHA*hi[i]*d ;/*重みの学習*/
411:  }
412:  wo[i]+=NNALPHA*(-1.0)*d ;/*しきい値の学習*/
413:}
414:
415:/*********************/
416:/*   hlearn()関数      */
417:/*   中間層の重み学習   */
```

```
418:/**********************/
419:void hlearn(double wh[HIDDENNO][INPUTNO+1],double wo[HIDDENNO+1]
420:            ,double hi[],double e[],double o,int k)
421:{
422: int i,j ;/*繰り返しの制御*/
423: double dj ;/*中間層の重み計算に利用*/
424:
425: for(j=0;j<HIDDENNO;++j){/*中間層の各セルjを対象*/
426:   dj=hi[j]*(1-hi[j])*wo[j]*(e[INPUTNO+k]-o)*o*(1-o) ;
427:   for(i=0;i<INPUTNO;++i)/*i番目の重みを処理*/
428:     wh[j][i]+=NNALPHA*e[i]*dj ;
429:   wh[j][i]+=NNALPHA*(-1.0)*dj ;/*しきい値の学習*/
430: }
431:}
432:
433:/**********************/
434:/*  printweight()関数  */
435:/*    結果の出力      */
436:/**********************/
437:void printweight(double wh[HIDDENNO][INPUTNO+1]
438:                 ,double wo[OUTPUTNO][HIDDENNO+1])
439:{
440: int i,j ;/*繰り返しの制御*/
441:
442: for(i=0;i<HIDDENNO;++i)
443:   for(j=0;j<INPUTNO+1;++j)
444:     printf("%lf ",wh[i][j]) ;
445: printf("\n") ;
446: for(i=0;i<OUTPUTNO;++i){
447:   for(j=0;j<HIDDENNO+1;++j)
448:     printf("%lf ",wo[i][j]) ;
449: }
450: printf("\n") ;
451:}
452:
453:/******************/
454:/*  s()関数        */
455:/*  シグモイド関数 */
456:/******************/
```

```
457:double s(double u)
458:{
459: return 1.0/(1.0+exp(-u)) ;
460:}
461:
462:/*************************/
463:/* drand()関数           */
464:/*-1から1の間の乱数を生成  */
465:/*************************/
466:double drand(void)
467:{
468: double rndno ;/*生成した乱数*/
469:
470: while((rndno=(double)rand()/RAND_MAX)==1.0) ;
471: rndno=rndno*2-1 ;/*-1から1の間の乱数を生成*/
472: return rndno;
473:}
474:
475:/***********************/
476:/*  initfilter()関数    */
477:/*   フィルタの初期化    */
478:/***********************/
479:void initfilter(double filter[F_NO][F_SIZE][F_SIZE])
480:{
481: int i,j,k ;/*繰り返しの制御*/
482:
483: for(i=0;i<F_NO;++i)
484:   for(j=0;j<F_SIZE;++j)
485:     for(k=0;k<F_SIZE;++k)
486:       filter[i][j][k]=drand() ;
487:}
488:
489:/***********************/
490:/*  conv()関数          */
491:/*  畳み込みの計算       */
492:/***********************/
493:void conv(double filter[][F_SIZE]
494:         ,double e[][IMAGESIZE],double convout[][IMAGESIZE])
495:{
```

```
496: int i=0,j=0 ;/*繰り返しの制御用*/
497: int startpoint=F_SIZE/2 ;/*畳み込み範囲の下限*/
498:
499: for(i=startpoint;i<IMAGESIZE-startpoint;++i)
500:   for(j=startpoint;j<IMAGESIZE-startpoint;++j)
501:     convout[i][j]=calcconv(filter,e,i,j) ;
502:}
503:
504:/*********************/
505:/*  calcconv()関数    */
506:/*  フィルタの適用    */
507:/*********************/
508:double calcconv(double filter[][F_SIZE]
509:              ,double e[][IMAGESIZE],int i,int j)
510:{
511: int m,n ;/*繰り返しの制御用*/
512: double sum=0 ;/*和の値*/
513:
514: for(m=0;m<F_SIZE;++m)
515:   for(n=0;n<F_SIZE;++n)
516:     sum+=e[i-F_SIZE/2+m][j-F_SIZE/2+n]*filter[m][n];
517:
518: return sum ;
519:}
520:
521:/*********************/
522:/*  pool()関数        */
523:/*  プーリングの計算  */
524:/*********************/
525:void pool(double convout[][IMAGESIZE]
526:          ,double poolout[][POOLOUTSIZE])
527:{
528: int i,j ;/*繰り返しの制御*/
529:
530: for(i=0;i<POOLOUTSIZE;++i)
531:   for(j=0;j<POOLOUTSIZE;++j)
532:     poolout[i][j]=calcpooling(convout,i*2+1,j*2+1) ;
533:}
534:
```

```
535:/*********************/
536:/* calcpooling()関数   */
537:/* 平均値プーリング     */
538:/*********************/
539:double calcpooling(double convout[][IMAGESIZE]
540:                   ,int x,int y)
541:{
542:  int m,n ;/*繰り返しの制御用*/
543:  double ave=0.0 ;/*平均値*/
544:
545:  for(m=x;m<=x+1;++m)
546:    for(n=y;n<=y+1;++n)
547:      ave+=convout[m][n] ;
548:
549:  return ave/4.0 ;
550:}
551:
552:/***********************************/
553:/* set_e_by_s()関数                 */
554:/* 畳み込みを用いたNN入力データの設定  */
555:/***********************************/
556:void set_e_by_s(int s,double filter[F_NO][F_SIZE][F_SIZE]
557:                ,double e[])
558:{
559:  int i,j,m,n ;/*繰り返しの制御用*/
560:  double image[IMAGESIZE][IMAGESIZE] ;/*入力データ*/
561:  double convout[IMAGESIZE][IMAGESIZE] ;/*畳み込み出力*/
562:  double poolout[POOLOUTSIZE][POOLOUTSIZE] ;/*出力データ*/
563:
564:  /*畳み込み部への入力の設定*/
565:  for(i=0;i<IMAGESIZE;++i)
566:    for(j=0;j<IMAGESIZE;++j){
567:      if((i+j*IMAGESIZE)==s) image[i][j]=1 ;
568:      else image[i][j]=0 ;
569:    }
570:
571:  for(j=0;j<F_NO;++j){/*フィルタ毎の繰り返し*/
572:    /*畳み込みの計算*/
573:    conv(filter[j],image,convout) ;
```

```
574:   /*プーリングの計算*/
575:   pool(convout,poolout) ;
576:   /*プーリング出力を全結合層の入力へコピー*/
577:   for(m=0;m<POOLOUTSIZE;++m)
578:    for(n=0;n<POOLOUTSIZE;++n)
579:     e[j*POOLOUTSIZE*POOLOUTSIZE+POOLOUTSIZE*m+n]
580:            =poolout[m][n] ;
581:    for(m=0;m<OUTPUTNO;++m)
582:     e[POOLOUTSIZE*POOLOUTSIZE*F_NO+m]=0 ;/*教師データ部のクリア*/
583: }
584:}
```

q22dl.cプログラムの実行例を**実行例4.3**に示します。実行例4.3では、学習の繰り返し回数が10万回の場合の出力結果のうちの、最初と最後の部分のみを示しています。実際には、プログラムの実行に伴って大量の途中経過が出力されます。

■実行例4.3　q22dl.cプログラムの実行例

```
C:\Users\odaka\ch4>q22dl
741 0.515427 0.705557 0.336833 0.602710 0.031892 0.945799 -0.045991
0.616199 -0.240333 -0.631825 -0.860591 -0.106174 0.851009 -0.955748
      (ネットワークパラメタの出力が続く)
-0.592700 0.077242 -0.522874 0.222999 0.624256 0.077609 -0.973205
-0.589892 0.089572 0.996094 -0.855586 -0.011017 0.905576 0.847102
0.822871 0.872677 -0.341594 0.896725
 s= 0 a=3
 s= 1 a=2         以下、Q学習による学習が進められる
 s= 0 a=1
 s= 8 a=0
 s= 0 a=3
 s= 1 a=2
 s= 0 a=3
 s= 1 a=2
 s= 0 a=3
 s= 1 a=2
 ...
```

```
s=  0 a=1
s=  8 a=3
s=  9 a=3
s= 10 a=0
s=  2 a=3      100000回の学習後のニューラルネット
s=  3 a=3      による行動例
s=  4 a=3
s=  5 a=1
s= 13 a=1
s= 21 a=3
s= 22 a=1
s= 30 a=1
s= 38 a=1
s= 46 a=1
0.324 0.278 0.321 0.324       0.318 0.298 0.269 0.326       0.339
0.359 0.267 0.378       0.359 0.366 0.302 0.419       0.417 0.452
0.383 0.462       0.431 0.503 0.411 0.443       0.441 0.521 0.457
0.414       0.409 0.433 0.447 0.391       ・・・
                                          Q値の出力
C:\Users\odaka\ch4>
```

実行例4.3で、学習の最終結果に基づく行動知識を**図4.14**に示します。スタートS（状態0）では、プログラムにあらかじめ与えた制約によって、選択し得る行動は必ず下又は右に限られています。図4.14を見ると、スタートSを出発後、プログラム上の制約に従って右または下に移動すると、後は最短距離でゴールに向かう経路が獲得されています。

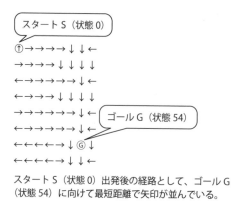

スタートS（状態0）出発後の経路として、ゴールG（状態54）に向けて最短距離で矢印が並んでいる。

■図4.14　q22dl.c プログラムによる学習後のニューラルネット出力（Q値）

なお q22dl.c プログラムは、学習における繰り返しの回数を初期設定で10万回と設定しています。このため、本書の他の例題プログラムと比較して、実行に要する時間がかなり長くなります。また、途中経過の出力データ量も膨大であり、表示自体にも相当の処理時間が必要です。そこで、実行時に出力データをファイルにリダイレクトすることで、実行時間を短縮することが可能です。

実行例4.4に、出力結果をテキストファイルにリダイレクトした場合の実行例を示します。テキストファイルにリダイレクトすることで途中経過はファイルに保存されますが、1000ステップ毎にメッセージを表示するので、実行途中で処理がどこまで進んだのかを確認することが可能です。

■実行例 4.4　q22dl.c プログラムの実行例（リダイレクトによって、途中経過を q22dlout.txt ファイルに格納した場合の例）

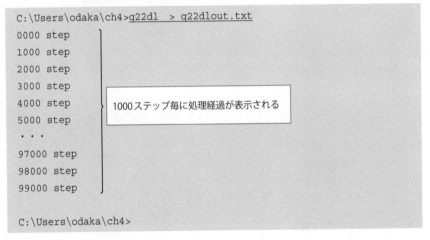

参考文献

- [1] Volodymyr Mnih et.al, "Human-level control through deep reinforcement learning", Nature, Vol.518, pp.529-533 (2015).
  強化学習に畳み込みニューラルネットの手法を組み合わせた深層強化学習を用いて、人間レベルの制御知識を獲得させた研究事例。
- [2] David Silver et.al, "Mastering the game of Go with deep neural networks and tree search", Nature, Vol.529, pp.484-503 (2016).
  深層強化学習の手法を囲碁のAIプレーヤーに適用した研究事例。

索 引

A
agent technology 5
AI 3
AlphaGo 21
Artificial Intelligence 3
artificial neural network 7
artificial neuron 8

B
back propagation 96
big data analysis 7

C
cluster analysis 12
convolutional neural network 17

D
deep learning 16
deep Q-network 19
DQN 19

E
ε greedy 50
evolutional computing 5
expert system 4

F
frame 4

I
inductive learning 7
inference 3

K
knowledge representation 3

M
machine learning 5

N
natural language processing 5
neuron 8

O
noise 7
output function 13

P
policy 37
principal component analysis 12
production system 4

Q
Q学习 36

R
reasoning 3
reinforcement learning 8
reward 37
rote learning 6

S
search 3
self organizing maps 12
semantic network 3
sigmoid function 14
statistical learning 7
step function 14
supervised learning 8
swarm intelligence 5

T
threshold 13
transfer function 13

U
unsupervised learning 12

V
value 37

W
weight 13

あ

暗記学習 6

い

εグリーディ法 50
意味ネットワーク 3

え

エージェント技術 5
エキスパートシステム 4

お

重み 13

か

階層型ニューラルネット 84
学習係数 39

き

機械学習 5, 6
帰納的学習 7
強化学習 8
教師あり学習 8
教師なし学習 12

く

クラスター分析 12
群知能 5

け

結合荷重 13

こ

誤差逆伝播 96

さ

雑音 7

し

しきい値 13
シグモイド関数 14
自己組織化マップ 12
自然言語処理 5
収益 37
主成分分析 12
出力関数 13
進化的計算 5

し

神経細胞 8
人工知能 3
人工ニューラルネット 7
人工ニューロン 8
深層学習 16
深層強化学習 2, 19, 156

す

推論 3
ステップ関数 14

せ

政策 37

た

畳み込みニューラルネット 17, 134
探索 3

ち

知識表現 3

て

伝達関数 13

と

統計的学習 7

に

ニューラルネット 84

の

ノイズ 7

は

バックプロパゲーション 96

ひ

ビッグデータ解析 7

ふ

フレーム 4
プロダクションシステム 4

ほ

方策 37
報酬 37

〈著者略歴〉

小高 知宏（おだか　ともひろ）

1983 年	早稲田大学理工学部卒業
1990 年	早稲田大学大学院理工学研究科後期課程修了、工学博士
同　年	九州大学医学部附属病院助手
1993 年	福井大学工学部情報工学科助教授
1999 年	福井大学工学部知能システム工学科助教授
2004 年	福井大学大学院工学研究科教授

現在に至る

〈主な著書〉

『計算機システム』森北出版（1999）
『基礎からわかる TCP/IP Java ネットワークプログラミング　第 2 版』オーム社（2002）
『TCP/IP で学ぶ　コンピュータネットワークの基礎』森北出版（2003）
『TCP/IP で学ぶ　ネットワークシステム』森北出版（2006）
『はじめての AI プログラミング―C 言語で作る人工知能と人工無能―』オーム社（2006）
『はじめての機械学習』オーム社（2011）
『AI による大規模データ処理入門』オーム社（2013）
『人工知能入門』共立出版（2015）
『コンピュータ科学とプログラミング入門』近代科学社（2015）
『機械学習と深層学習 ―C 言語によるシミュレーション―』オーム社（2016）
『自然言語処理と深層学習 ―C 言語によるシミュレーション―』オーム社（2017）

- 本書の内容に関する質問は、オーム社書籍編集局「(書名を明記)」係宛に、書状または FAX（03-3293-2824）、E-mail（shoseki@ohmsha.co.jp）にてお願いします。お受けできる質問は本書で紹介した内容に限らせていただきます。なお、電話での質問にはお答えできませんので、あらかじめご了承ください。
- 万一、落丁・乱丁の場合は、送料当社負担でお取替えいたします。当社販売課宛にお送りください。
- 本書の一部の複写複製を希望される場合は、本書扉裏を参照してください。

JCOPY＜(社)出版者著作権管理機構 委託出版物＞

強化学習と深層学習
―C 言語によるシミュレーション―

平成 29 年 10 月 20 日　第 1 版第 1 刷発行

著　者　小高知宏
発行者　村上和夫
発行所　株式会社 オ ー ム 社
　　　　郵便番号　101-8460
　　　　東京都千代田区神田錦町 3-1
　　　　電　話　03(3233)0641（代表）
　　　　URL　http://www.ohmsha.co.jp/

© 小高知宏 2017

組版　トップスタジオ　　印刷・製本　千修
ISBN978-4-274-22114-9　Printed in Japan

オーム社の深層学習シリーズ

機械学習の諸分野をわかりやすく解説！
A5判／並製／232ページ／定価（本体2,600円＋税）

自然言語処理と深層学習が一緒に学べる！
A5判／並製／224ページ／定価（本体2,500円＋税）

**Chainerのバージョン2で
ディープラーニングのプログラムを作る！**
A5判／並製／208ページ／定価（本体2,500円＋税）

**進化計算とニューラルネットワークが
わかる、話題の深層学習も学べる！**
A5判／並製／192ページ／定価（本体2,700円＋税）

もっと詳しい情報をお届けできます。
◎書店に商品がない場合または直接ご注文の場合は
　右記宛にご連絡ください。

ホームページ　http://www.ohmsha.co.jp/
TEL/FAX　TEL.03-3233-0643　FAX.03-3233-3440

（定価は変更される場合があります）　　上記書籍内で取り上げたサンプルプログラムとデータファイルは、オームホームページよりダウンロードできます。